Monika Schaal

Begegnungen an der Lein

Entspannter Spaziergang statt Stress

Müller Rüschlikon

IMPRESSUM

Einbandgestaltung: R2 | Ravenstein, Verden
Titelbild: © encierro/stock.adobe.com

Bildnachweis
© DoraZett/stock.adobe.com: S. 17
© Kristina Blokhin/stock.adobe.com: S. 86
Sandra Benzing: S. 26, 30, 33, 36, 64, 81 rechts, 92
Alle anderen Fotos: Britta und Michael Streck

ISBN 978-3-275-02228-1

Postfach 103743, 70032 Stuttgart
Ein Unternehmen der Paul Pietsch Verlage GmbH & Co. KG

1. Auflage 2021

Sie finden uns im Internet unter www.mueller-rueschlikon-verlag.de

Lektorat: Claudia König
Innengestaltung: R2 | Ravenstein, Verden
Druck und Bindung: Graspo CZ, 76302 Zlin
Printed in Czech Republic

VORWORT 8

»PLÖTZLICH LEGT ER LOS!« – DER BLICK HINTER DIE FASSADE 10
Warum macht er das? 12
Faktoren, die das Verhalten mit beeinflussen 17
Den Hund lesen lernen 22
Die kleinen und leisen Gesten – der Countdown beginnt früh 22
Signale im Überblick: vom Wahrnehmen zum Losstarten 27

VERHALTEN VERÄNDERN – DIE WERKZEUGKISTE 30
Mit Ruhe und Kompetenz 32
Die eigene Aufregung 32
Selbstbewusst führen, reicht das? 34
»Er muss doch merken, dass ich das für ihn regle!« 34
Konfliktfreie Hundestrategien wieder entdecken 36
Entspannt beobachten 36
Ausweichen – im Bogen vorbei oder zur Seite gehen 39
Die gedankliche Weggabelung 44
Nützliche Fertigkeiten 44
Wir gehen WEITER 44
Aufmerksamkeitswechsel - das etwas andere Abbruch-Signal 47
Blickkontakt halten 47
TOUCH – mit Unterstützung vorbei 50
Futter schlecken 51
Souverän und zügig umkehren 52
Leinenführigkeit – Können Sie an der Brezel vorbeigehen? 53
Grenzen setzen?! 55
Wie hilfreich sind Abbruch-Signale? 55
Unterstützung statt Strafe 57

INHALT

SPAZIERGANG - GANZ PRAKTISCH 58
Wann, wo und wie lange? 60
Sicher unterwegs 62
Den Hund führen und festhalten 63
Die passende Ausrüstung 65
Rituale für mehr Ruhe und Sicherheit 65
Spaziergang mit dem Trainingspartner 66
Begegnungen meistern – Von geplant bis »darauf könnten Sie verzichten« 69
Kontrollierte Bedingungen zum Lernen 70
Unvermutete Begegnungen 71
Ein freilaufender Vierbeiner 72
Was tun, falls es zu einer Rauferei kommt? 76
»Er will doch nur Hallo sagen« 77
Den Kleinhund auf den Arm nehmen? 79
Und danach ...? 81
Freilauf mit vertrauten Artgenossen? 82

IM GLEICHGEWICHT 84

AUTORENPORTRAIT 92

DANKE 93

GOAL

Vorwort

Es sollte doch so schön sein ... Sie wollten mit dem Hund joggen gehen, entspannt die kleine Runde um den Block drehen, sich mit anderen Hundehaltern treffen, haben sich auf entspannte Spaziergänge und Ausflüge gefreut.
Doch die Toleranz Ihres Vierbeiners gegenüber Artgenossen entwickelte sich anders als gedacht. Anfangs war es vielleicht nur ein kurzes In-die-Leine-Springen oder eher unspektakuläres Wuffen im Vorbeigehen.
Inzwischen mehren sich die angespannten Begegnungen und der Spaziergang wird zunehmend zur Herausforderung. Sie meiden bestimmte Wege oder Begegnungen, beobachten das Umfeld, um mögliche Gefahren rechtzeitig zu bemerken, möchten keine Ratschläge mehr von Menschen, die einen ausgeglichenen Hund neben sich haben und auch nicht ständig erklären, dass er zuhause lieb und verschmust ist.
Vielleicht haben Sie sich bewusst für genau diesen Hund entschieden, trotz seiner Reaktionen auf die Umwelt. Dennoch fällt es Ihnen nicht leicht, sein Verhalten richtig einzuschätzen und damit zurechtzukommen.
Zu manchen Zeiten fühlen Sie sich hin- und hergerissen. Da ist die Zuneigung zu Ihrem Hund, die Freude über seine Talente und auf der anderen Seite die Enttäuschung, der Ärger, wenn er mal wieder negativ auffällt und das Gefühl, ihn nicht gut genug anleiten und führen zu können.

Es ist immer noch schön, vielleicht ein wenig anders als geplant. Sie brauchen Spaziergänge nicht zu fürchten, sondern können gemeinsam mit Ihrem Hund einen Weg finden, um gelassener mit Begegnungen umzugehen. Dafür möchte ich Ihnen Rüstzeug an die Hand geben und Sie beim Training und im Umgang mit Ihrem Vierbeiner unterstützen.

Der Fokus in diesem Buch liegt auf Begegnungen mit anderen Hunden. Die Hinweise können jedoch genauso genutzt werden, um das Zusammentreffen mit Personen besser zu bewältigen. Das Buch ersetzt nicht das professionelle Training und die Einschätzung durch einen Fachmann. Besonders bei aggressivem Verhalten wäre es grob fahrlässig, ohne ausreichend Hintergrund-Informationen Empfehlungen auszusprechen oder Ihnen mitzuteilen, wenn Sie nur dieses oder jenes tun und guten Mutes sind, dann wird das schon.
Jedes Hund-Halter-Team ist einzigartig, hat seine eigene Vorgeschichte und Lebenssituation. Entsprechend individuell muss auch die Herangehensweise sein.

Setzen Sie sich beim Üben nicht unter Druck. Verhalten lässt sich, auch bei engagiertem Training, nicht immer in dem Umfang verändern, den man sich wünscht. Vielleicht braucht Ihr Hund grundsätzlich eine gewisse Distanz zu anderen, um sich wohlzufühlen. Eventuell müssen Sie ein Hundeleben lang vorausschauend unterwegs sein oder die Spazierwege auf seine Tagesform abstimmen. Dennoch haben Sie einen Hund mit vielen guten Eigenschaften an Ihrer Seite, reduzieren Sie ihn nicht auf das Begegnungsproblem. Freuen Sie sich über kleine Erfolge und genießen Sie das gemeinsame Unterwegssein, auch wenn (noch) nicht alles perfekt ist.

Ich wünsche Ihnen entspannte Spaziergänge und gute Begegnungen,

Ihre

Monika Schaal

»Plötzlich legt er los!« – Der Blick hinter die Fassade

Es ist nicht angenehm, wenn der eigene Hund in die Leine springt, bellt, droht, nicht oder kaum mehr ansprechbar ist, weil er wie in einer Art Tunnelblick völlig fixiert ist auf den wahrgenommenen Reiz. Seine Reaktionen kommen für die meisten Hundehalter zunächst wie aus dem Nichts – plötzlich eben. Das erschreckt, verunsichert und meist reagiert man dann nicht so passend, wie es erforderlich wäre. Wenn dann noch Außenstehende zusehen oder signalisieren, dass man den Hund nicht im Griff hat und sie sich durch ihn bedrängt fühlen, ist es noch viel unangenehmer.

In vielen Fällen sind die Reaktionen des Hundes jedoch nicht so überraschend, sondern fast vorhersehbar. Kleine Signale weisen darauf hin, dass eine bestimmte Begegnung schwierig werden könnte oder heute einfach nicht »sein Tag« ist und er mit großer Wahrscheinlichkeit bereits bei Kleinigkeiten reagieren wird. Je frühzeitiger Sie erkennen, was er mitteilen möchte, auf welche Auslöser er wann reagiert und welche Faktoren sein Verhalten mit beeinflussen, umso besser können Sie gegensteuern. Zumindest ein Stück weit, denn alle Faktoren können Sie leider nicht beeinflussen.

Die Wortwahl trägt mit dazu bei, wie wir unseren Hund wahrnehmen. So haben die Begriffe »pöbeln, Angeber, Rambo oder Dickkopf« in der Regel einen eher negativen Beigeschmack. Formulierungen wie: »Er nimmt dich nicht ernst, ist respektlos« verführen dazu, sich das nicht bieten zu lassen oder erwecken ein Gefühl des Versagens. Während die Aussage »Er kann es nicht besser« oder »Er ist überfordert und verunsichert« eher Hilfsbereitschaft auslöst.

Betrachten und benennen Sie das Verhalten des Hundes so neutral wie möglich, damit Sie seinen Beweggründen gerecht werden. Sie müssen nichts beschönigen oder jedes Wort auf die Goldwaage legen. Achten Sie einmal darauf, welche Empfindungen die unterschiedlichen Begriffe und Formulierungen bei Ihnen auslösen. Manches Mal ändert sich die Sicht auf die Probleme und Einstellung dem Hund gegenüber, wenn wir die Wortwahl ändern.

Warum macht er das?

Gleich zu Beginn möchte ich Verständnis wecken, für das Verhalten Ihres Hundes. Begegnungen gehören für uns Menschen zum Alltag und es ist normal, auf direktem Weg an anderen vorbeizugehen – meistens zumindest. Aber ganz ehrlich, sind Sie bei jeder Begegnung völlig entspannt, haben Sie nicht auch manchmal das Bedürfnis, auszuweichen oder gar einen anderen Weg zu nehmen? Weil der Entgegenkommende schnell auf Sie zukommt, sehr präsent wirkt, Ihnen Unbehagen verursacht oder es einfach unangenehm ist, an einer Engstelle sehr dicht, eventuell sogar mit Körperkontakt am anderen vorbeigehen zu müssen? Vielleicht gibt es Personen, denen Sie ganz bewusst aus dem Weg gehen oder es zumindest versuchen. Sie wechseln die Straßenseite, bleiben vor einem Schaufenster stehen, um den direkten Kontakt zu vermeiden. Oder umgekehrt, Sie bemerken jemanden, mit dem Sie gerne zusammentreffen, dem Sie unbedingt etwa erzählen möchten. Gehen Sie da nicht automatisch schneller auf ihn zu und nähern Sie sich dichter an? Und eventuell schauen Sie auch mal intensiver als sonst oder mehrmals hin, wenn eine Person Ihr Interesse erregt.

Der Hund verlässt das Haus nicht mit dem Vorsatz, Ärger zu machen, er tut sich – aus unterschiedlichen Gründen einfach schwer mit manchen Begegnungen. Aufgrund unserer

Begegnung aus Hundesicht: Ausweichen, auf Konfrontationskurs weitergehen, ignorieren, sich darauf verlassen, dass der menschliche Begleiter den richtigen Weg weiß?

eigenen Anspannung oder dem Unmut über seine Aktionen übersehen wir oft die Botschaft hinter seinem explosiven Verhalten und bemerken nicht, dass er Hilfe braucht. Vermutlich hat er bereits vor vielen, vielen Metern signalisiert, dass er mit der sich anbahnenden Begegnung nicht zurechtkommt bzw. eine bestimmte Vorstellung davon hat, wie sie verlaufen sollte. Seine eher unspektakulären Zeichen wurden jedoch nicht verstanden. Nun werden seine Signale zunehmend lauter und deutlicher und er versucht, die Situation selbst zu bewältigen. Er hält den anderen durch Drohen auf Abstand oder zieht äußerst heftig an der Leine, um den Artgenossen doch noch zu erreichen. Und häufig braucht er ein Ventil, um Anspannung und Aufregung loszuwerden: er bellt, bewegt sich aufgeregt, springt am Besitzer hoch oder beißt in die Leine.
Je öfters der Hund – mangels anderer Optionen – ein solches Verhalten zeigt und sich dadurch kurzfristig besser fühlt, umso mehr wird dies für ihn zu einer Bewältigungsstrategie, auf die er dann immer wieder zurückgreift.

Manchmal ist der Grund für sein Verhalten offensichtlich: der Artgenosse, mit dem er sich noch nie verstanden hat, kommt entgegen. So eindeutig ist es jedoch nicht immer, meist spielen mehrere Faktoren eine Rolle.

Mangelnde Erfahrung, Ihr Hund ist unsicher, weil er das Verhalten mancher Artgenossen noch nicht einordnen kann. Vielleicht hat er grundsätzlich wenig Kontakt zu anderen Hunden, ist reizarm aufgewachsen oder lebt sehr ländlich. Eventuell kennt er nur bestimmte Hundetypen und kommt mit ihnen gut zurecht. Es fehlt ihm jedoch die Erfahrung, um beispielsweise einen sehr quirligen oder mit Trippelschritten und erhobener Rute auf ihn zukommenden Artgenossen oder den »schnorchelnden« Vierbeiner richtig einzuschätzen.

Der Hund hat noch nicht gelernt, neutral an anderen vorbeizugehen. Dieser Punkt trifft viel häufiger zu als gedacht. Hat auch Ihr Hund noch Nachholbedarf?
Wie exakt haben Sie Begegnungen bisher mit ihm geübt? Wenn Zusammentreffen nicht allzu problematisch verlaufen, wird der Vierbeiner oft nur mit einer leichten Unmutsbezeugung zurück- bzw. weitergezogen, ohne aber eine gut nachvollziehbare Anleitung zu erhalten.
Hat er es unbeabsichtigter Weise anders gelernt? Vielleicht haben Sie im Welpen- und Junghundealter sein Hinstreben zu anderen noch toleriert, er durfte »Guten Tag« sagen und nun soll er es unterlassen, weil er älter und kräftiger geworden ist? Kleine Hunde erhalten oft etwas mehr Spielraum an der Leine und dürfen schnell mal zum anderen, weil sie deutlich einfacher zu kontrollieren sind und nicht so bedrohlich wirken, wie ein großer Vierbeiner.

Treffen Sie nur sehr selten auf andere Hunde? Die vereinzelten Begegnungen sind immer etwas Besonderes und reichen nicht aus, um ausreichend Lernerfahrungen zu sammeln. Falls der Hund dann in einem Umfeld ausgeführt wird, in dem die Hundedichte größer und die Ausweichmöglichkeiten geringer sind, kann ihn dies überfordern.
Leinen Sie den Hund in vielen Fällen zügig ab und er kann die Begegnung auf seine Art und Weise meistern? Wenn er dann vorbeigehen soll, sorgt dies bei ihm für Anspannung und Frustration, weil das Zusammentreffen nicht seinen Erwartungen gemäß verläuft. Hinzu kommt,

dass er die beim Freilauf gut funktionierenden Strategien angeleint kaum mehr anwenden kann und nicht weiß, wie er sich in dieser für ihn neuen Situation verhalten soll.

Vielleicht ist Ihr Hund wohlerzogen, hat im Prinzip kein Problem mit Artgenossen und dennoch verhält er sich bei Begegnungen oftmals nicht so, wie Sie es von ihm erwarten. Aber weiß er wirklich, was er tun soll, oder setzen Sie aufgrund seiner allgemeinen Wohlerzogenheit voraus, dass er auch in solch aufregenden Momenten auf Sie achtet und Ihren Anweisungen nachkommt? Viele Hunde übertragen Gelerntes nicht automatisch in unterschiedlichste Szenarien, sondern brauchen ein situationsbezogenes Üben und zahlreiche Wiederholungen.
Vielleicht haben Sie auch schon mehrere Lernversuche gestartet, aber noch nicht die Vorgehensweise gefunden, die der Hund verstehen und umsetzen kann.

Unser Vorbeigehen entspricht oft nicht den Hunderegeln. Einige Hunde, die sich an der Leine sehr aufgeregt und explosiv verhalten, kommen im Freilauf durchaus mit ihren Artgenossen zurecht. Sie haben jedoch ein Problem damit »ganz normal« an anderen vorbeizugehen. Normal in unserem Sinne, auf direktem Weg und in nicht allzu großem Abstand, denn dies gilt unter Hunden als unhöflich und kommt einer Konfrontation gleich. Nähert sich ein Hund einem Artgenossen zügig und frontal, will er den direkten Kontakt, ihn jagen, vertreiben, bedrängen oder in seiner Bewegung einschränken.
Um solch unhöfliche und angespannte Begegnungs-Momente zu entschärfen, würde Ihr Hund eventuell gerne ausweichen, langsamer gehen, Beschwichtigungsgesten zeigen und sein Vorgehen immer wieder den Informationen anpassen, die der Artgenosse sendet. Schmale Wege und abgelenkte Besitzer lassen jedoch nur wenig Spielraum für den Hundeknigge. Wenn der Hund auf Kollisionskurs weitergehen soll, reagiert er deshalb oft aufgeregt oder verteidigungsbereit.

Der Wunsch nach mehr Abstand zum Gegenüber ist einer der häufigsten Gründe für reaktives Verhalten an der Leine. Der Hund möchte speziell bei dieser Begegnung mehr Distanz oder er schätzt es grundsätzlich nicht, wenn andere ihm oder seinen Menschen zu nahekommen.
Vielleicht kann er mit ausreichend Abstand gut an anderen vorbeigehen, eventuell zusätzlich abgeschirmt durch parkende Fahrzeuge oder andere Sichtbarrieren. Er reagiert aber sofort, wenn seine Individualdistanz unterschritten wird und ständig direkter Sichtkontakt besteht.

Die Sache mit der Distanz ist oft schwer zu verstehen. Ein Hundehalter meinte neulich: »Warum springt er denn nach vorne in die Leine, wenn er doch mehr Abstand möchte? Er könnte doch einfach zurückweichen.« So einfach ist das nicht. Wenn durch die Wegführung eine gewisse Distanz unterschritten ist, kann der Hund nicht mehr anders, als sich aufzuregen. Zum anderen ist das auch eine Sache der Persönlichkeit, manche Hunde versuchen auch dann noch auszuweichen, wenn der Artgenosse schon fast vor ihnen steht, andere schalten ab einem gewissen Punkt um und gehen nach vorne.

Manchmal entsteht das reaktive Verhalten aus dem Interessenskonflikt von Nähe und Distanz.

Die beiden Hunde kennen sich gut, dennoch spielen sie nicht sofort miteinander. Sie halten beim Aufeinander-Treffen etwas Distanz zueinander und gehen im Bogen aneinander vorbei.

Einerseits interessiert sich der Hund für den Artgenossen, zieht in dessen Richtung, möchte augenscheinlich Kontakt mit ihm aufnehmen. Auf der anderen Seite überfordert ihn ein direkter Kontakt und er benötigt eine gewisse Distanz, um damit zurechtzukommen. Begegnungen an der Leine erlauben aber keine großen Ausweichbewegungen.

Falls die Möglichkeit besteht, den Hund im Freilauf mit einem geeigneten Artgenossen zu beobachten, könnten Sie wahrscheinlich Folgendes bemerken: Der Hund rennt schnell mal zum Gegenüber. Er wirkt dabei aufgeregt, seine Bewegungen sind angespannt und seine Kontaktaufnahme reicht von vorsichtig, unsicher bis stürmisch. Nach einem kurzen Kontakt geht er wieder auf Abstand. Vielleicht muss er seine Anspannung durch eine kurze Rennrunde oder durch ausgiebiges Schnüffeln abbauen. Nach einiger Zeit beruhigt er sich meist etwas und bewegt sich entspannter. Er nimmt zwar immer wieder kurz Kontakt zum anderen auf, hält aber genauso häufig Abstand und bleibt für sich. Ein völlig entspanntes Miteinander und ruhige Interaktionen finden in der Regel nur dann statt, wenn die Hunde sehr vertraut miteinander sind.

Schlechte Erfahrungen: Wenn Ihr Hund mit einem bestimmten Artgenossen oder auf einer Wegstrecke bereits schlechte Erfahrungen gemacht hat, ist es nachvollziehbar, dass er bei weiteren Zusammentreffen angespannt und verunsichert reagiert. Negativ-Erfahrungen können sehr prägend sein, vor allem, wenn der Hund durch das Ereignis regelrecht traumatisiert wurde, es gab eine Beißerei oder er wurde heftig gejagt.
Um sich unwohl zu fühlen, braucht es jedoch kein traumatisches Erlebnis. Es reichen die immer wiederkehrenden, kleinen »Grenz-Überschreitungen«, die man als Hundebesitzer oftmals gar nicht so mitbekommt oder als schlimm empfindet. Für viele, besonders für kleine Hunde ist es äußerst unangenehm, wenn Artgenossen sehr stürmisch auf sie zukommen oder aufdringlich mit ihnen Kontakt aufnehmen und sie selbst kaum ausweichen können.
Dem Hund bleibt nicht nur das unangenehme Zusammentreffen im Gedächtnis, sondern auch Wahrnehmungen, die er zeitgleich dazu gemacht hat: die Ecke, an der es passiert ist, die begleitenden Personen oder die Anspannung der Menschen. Oft reicht dann bereits einer dieser Faktoren, um Anspannung und reaktives Verhalten auszulösen. Viele Hunde übertragen ihr Unbehagen auch zunehmend auf Artgenossen, die dem Kontrahenten in Statur, Farbe oder Bewegungsmuster ähneln.

Der Hund reagiert auf die Signale des Entgegenkommenden. Diese können Sie zwar nicht beeinflussen, wenn Sie jedoch wissen, welche Zeichen für Ihren Hund von Bedeutung sind, hilft das, um Begegnungen entsprechend zu steuern oder auf eine Reaktion vorbereitet zu sein.
Was trifft bei Ihrem Hund zu? Reagiert er intensiver, wenn sich der Artgenosse schnell oder angespannt bewegt, ihn direkt anschaut, in Lauer- oder Spielstellung geht, vor seinen Augen markiert?
Fällt ihm das Vorbeigehen leichter, wenn der andere eher entspannt und desinteressiert wirkt, schnüffelt oder mit seinem Menschen beschäftigt ist?
Welche Rolle spielt das Geschlecht des Artgenossen? Viele Hunde reagieren besonders stark bei gleichgeschlechtlichen Artgenossen.

Falls sich das Begegnungsproblem auf Menschen erstreckt, bemerken Sie hier ebenfalls kleine Signale, die das Verhalten des Hundes beeinflussen. Menschen, die Angst vor Hunden haben bzw. sich in deren Gegenwart unsicher fühlen, schauen fast ununterbrochen auf den Hund, sie möchten die »Gefahr« im Blick behalten. Dieses Anschauen, verbunden mit einer angespannten Körperhaltung oder plötzlichen Ausweichbewegung, empfinden viele Hunde zumindest als Interesse an ihnen oder gar bedrohlich und reagieren ihrerseits darauf. Ist der Entgegenkommende hingegen auf sein Ziel, seinen Weg fokussiert und nimmt den Hund nur am Rande wahr, fällt es auch dem Vierbeiner leichter, ruhig zu bleiben.

Die Summe der Ereignisse: Oftmals gelingen eine oder zwei Begegnungen noch gut, mit jeder weiteren wird es zunehmend schwieriger. Und dann kommt eben diese eine Begegnung, welche das Fass zum Überlaufen bringt.
Vielleicht ist der Hund auch insgesamt nicht sehr belastbar, fühlt sich unwohl und schnell überfordert. Er hat mit den normalen Reizen (akustische, optische und sensorische Wahrnehmungen)

während des Spaziergangs vollauf zu tun, sodass eine Begegnung genügt, um ihn aus dem nicht vorhandenen Gleichgewicht zu bringen.

Faktoren, die das Verhalten mit beeinflussen

Diese Faktoren haben vordergründig nichts mit dem Begegnungsproblem zu tun. Wenn jedoch mehrere Aspekte im Leben des Vierbeiners nicht in Ordnung sind oder ihm ein Punkt besonders zu schaffen macht, werden Sie bei Begegnungen – trotz gut aufgebautem Training – an Grenzen stoßen. Einfach weil die vorhandene Anspannung, der Stress, das Unwohlsein, die Über- oder Unterforderung sich immer wieder ein Ventil suchen.
Es lohnt sich also, zu überlegen, an welchen Stellschrauben Sie zusätzlich drehen können, damit Ihr Hund bessere Voraussetzungen hat, um draußen entspannter zu sein.

Wo und wann sind Sie unterwegs? Die Wegstrecke oder eine bestimmte Örtlichkeit genügen oft schon, dass der Hund angespannter unterwegs ist. Beispielsweise eine Stelle, an der schon stressige Begegnungen stattgefunden

Wie reagiert Ihr Hund auf so viele Eindrücke in belebtem Umfeld: verunsichert, aufgeregt, angespannt? Ist er kaum mehr ansprechbar oder genügt ein kleiner zusätzlicher Reiz, um eine heftige Reaktion auszulösen?

Wie viel Ruhe, Unruhe herrscht den Tag über? Reagiert er auf Ihre Anspannung, Veränderungen im Tagesablauf, weniger Zeit für Hundedinge oder umgekehrt, steht er stärker im Fokus, beschäftigen Sie sich mehr mit ihm und seiner Erziehung?
Wird der Hund von einer Person erzogen und ausgeführt, sind mehrere Familienmitglieder beteiligt und handeln diese einheitlich?
Gibt es Spannungen innerhalt der Familie? Gerade bei unerwünschtem Hundeverhalten entstehen häufig Diskussionen bezüglich des passenden Vorgehens und des Umgangs mit dem Hund. Eventuell sieht ein Familienmitglied keine Schwierigkeiten, weil er den in die Leine springenden Vierbeiner problemlos halten kann, für manchen ist es völlig normal, dass Hunde ab und an wenig tolerant auf Begegnungen reagieren, während ein anderer dadurch gestresst ist und körperlich an seine Grenzen kommt. Entsprechend unterschiedlich fallen dann auch die Interaktionen mit dem Hund aus, von locker drüber wegsehen bis »energisch« durchgreifen.

Körperliche und emotionale Stabilität: Ein ausgeruhter und ausgeglichener Hund ist den Herausforderungen des Alltags besser gewachsen. Dazu gehören ausreichende Schlaf- und Ruhepausen. Ohne diese würde der Hund schnell nervlich an seine Grenzen kommen. Stellen Sie ihm einen Rückzugsort zur Verfügung, an dem er sich wohlfühlt, nicht gestört wird und entspannt schlafen kann. Gehört Ihr Hund zu denen, die einfach nicht abschalten können, sollten Sie sein Tagesprogramm überprüfen. Ist es zu viel für ihn, das Falsche? Hat er Ruhe nie gelernt, weil sich immer jemand mit ihm beschäftigt oder sogleich darauf eingeht, wenn er Aufmerksamkeit und Aktivität einfordert? Bringen ihn schon kleine Reize dazu, wieder aufzustehen und mitzumachen? Das Thema ist allerding so umfangreich, dass es den Rahmen dieses Buches völlig sprengen würde. Es gibt ausgezeichnete Anleitungen, wie Sie Ihrem Hund zu mehr Ruhe und Entspannung verhelfen können. Genauso wichtig ist eine auf den Hund zugeschnittene Auslastung. Eventuell müssen Sie hier ein wenig ausprobieren, was für Ihren Hund passt in Bezug auf Häufigkeit, Dauer und Art der Aktivität. Zudem ändern sich auch beim Hund die Bedürfnisse und Vorlieben im Laufe seines Lebens. Bieten Sie ihm nicht nur physische Auslastung, sondern auch Beschäftigung für den Kopf.

Nehmen Sie den Begriff Stabilität wörtlich: Hunde, deren Motorik gut entfaltet ist, bewegen sich in der Regel ausbalanciert und sicher und können dadurch schwierige Passagen oder überraschend auftretende Situationen zumindest körperlich gut meistern. Das Gefühl, den eigenen Körper kontrollieren zu können, ist beruhigend und sorgt für Gelassenheit und Selbstvertrauen.
Mangelnde Koordination und Stabilität dagegen kann mit dazu beitragen, dass er auch im Alltag von vielen Situationen schneller überfordert ist und sich unwohl fühlt. Hier können z.B. Bodenarbeit oder Tellington-Übungen helfen, damit der Hund sicher und ausbalanciert unterwegs ist.

Gute Voraussetzungen für ausgeglichenes Verhalten: ungestörte Schlaf- und Regenerationszeiten, ausreichend Bewegung, um auch mal Dampf abzulassen und eine dem Hund angepasste Beschäftigung.

Verhalten ist immer abhängig vom Befinden des Hundes, der Situation, dem Umfeld und gemachten Erfahrungen. Um nachhaltige Veränderungen zu erzielen, darf nie nur am Symptom gearbeitet werden. Das wäre vergleichbar damit, wenn Sie einen Deckel auf das überkochende Wasser drücken. Besser ist es, wenn Sie die Herdplatte ausschalten, d.h. die Ursache beseitigen.
Berücksichtigen Sie deshalb alle Faktoren, die zum reaktiven Verhalten beitragen und arbeiten Sie parallel zum Begegnungs-Training am dahinterliegenden Problem. Wenn beispielsweise aufgeregtes Verhalten mit zu den Reaktionen des Hundes beiträgt, reicht es nicht aus, nur bei Begegnungen mehr Gelassenheit zu trainieren. Unterstützend muss auch in anderen Alltags- oder konkreten Trainings-Situationen an seiner Ruhe und seinem entspannten Verhalten gearbeitet werden.

Den Hund lesen lernen

»Plötzlich« startet der Hund durch, gerade ging er noch nebenher, schnüffelte am Wegesrand, ein kurzer Blick zum Gegenüber - und dann!!
Es gibt sie, diese Momente, in denen der Hund von 0 auf 100 fährt und es gibt auch Hunde, die schwer zu lesen sind. In der Regel aber senden Hunde viele kleine Signale, die erkennen lassen, in welcher Stimmung sie sich gerade befinden. Der Hund teilt uns mit, wann sich seine Aufregung noch in Grenzen hält, ab welchem Punkt er immer mehr in Anspannung gerät, ob er ein Zusammentreffen lieber vermeiden möchte oder auf unsere Unterstützung hofft.
Diese Zeichen zu erkennen ist Übungssache. Videoaufnahmen oder Hinweise eines kompetenten Außenstehenden können dabei eine wertvolle Hilfe sein. Auch bei Begegnungen auf große Entfernung oder mit ausgewählten Übungspartnern lernen Sie die Ausdrucksmöglichkeiten und Reaktionen Ihres Hundes immer besser kennen. Zudem sind Sie durch das Wissen um seine Beweggründe darauf vorbereitet, wann es schwierig werden könnte.
Es ist völlig normal, dass Sie anfangs noch Signale übersehen, die Lage falsch einschätzen oder nicht sogleich wissen, wie Sie reagieren sollen. Das gehört zum Lernen mit dazu. Wenn es allerdings häufig vorkommt, folgert der Hund daraus, dass Sie Gefahren und Aufregungsmomente einfach nicht bemerken oder selbst keine Strategie haben, wie man gut damit umgeht. Und dann dürfen Sie es ihm auch nicht übelnehmen, wenn er versucht, die Sache selbst zu regeln.

Die kleinen und leisen Gesten – der Countdown beginnt früh

Der Fokus vieler Hundehalter liegt auf dem Nach-vorne-Gehen ihres Hundes mit all den lauten und deutlich wahrnehmbaren Signalen. Mir ist es ein großes Anliegen, dass Sie auch die leisen Gesten wahrnehmen, welche dem vorangehen. Sie stellen die Weichen dafür, wie eine Begegnung verläuft.
Wie oft höre ich beim Training: »Natürlich bleibt er ruhig, er hat den anderen Hund ja noch nicht bemerkt.« In Wirklichkeit wurde der

50 oder gar 100 Meter entfernte Artgenosse sehr wohl registriert, die Reaktionen darauf sind recht unspektakulär, kaum von anderen Aktivitäten des Hundes zu unterscheiden und werden deshalb leicht übersehen. Einige wirken auf den ersten Blick wie Ungehorsam, sind in Wirklichkeit jedoch Übersprungshandlungen bzw. deeskalierende Gesten und die Bitte um mehr Abstand.

- **Distanzvergrößernde Bewegungen:** Blick abwenden, langsamer gehen, hinsetzen, Kopf oder den gesamten Körper wegdrehen, drängt in eine andere Richtung.
- **Übersprungs- bzw. Deeskalationsgesten:** über die Schnauze lecken, gähnen, blinzeln, sich kratzen, am Boden schnüffeln, pföteln, Spielaufforderungen, Gras fressen, buddeln, Stöckchen aufnehmen, sich hinlegen, in die Leine beißen.

Natürlich hat nicht jedes Schnüffeln, zur Seite ziehen oder sich kratzen eine tiefere Bedeutung. Im Zusammenhang mit Begegnungen steckt meist eine Botschaft dahinter. Je früher und passender Sie darauf reagieren, umso größer ist die Chance, dass Sie beide ohne Eskalation durch die Situation kommen und der Hund entspannteres Verhalten lernen kann. Es wäre schade, wenn Sie diese gute Gelegenheit verstreichen ließen, denn ab einem gewissen Punkt geht es für viele Hunde nur noch in Richtung Aufregung.

Zu den kleinen Gesten zählt auch das Nachfragen. Das besteht nämlich keineswegs nur aus einem langen, fragenden Blick. Oft ist es ein kurzer Seitenblick, ein minimales sich Ihnen zuwenden, ab und an sucht der Hund kurz Körperkontakt zu Ihnen oder sein Blick geht zwischen Zielobjekt und Ihnen hin und her. Nachfragen zeigt, dass der Hund Ihnen vertraut, bereits die Erfahrung gemacht hat, dass Sie gute Strategien parat haben und auch jetzt mit Ihrer Unterstützung rechnet. Lassen Sie ihn dann nicht im Stich, signalisieren Sie ihm, wie Sie beide jetzt handeln werden.

Die Vierbeiner aus den folgenden Foto-Beispielen zeigen, dass sie, wie die meisten ihrer explosiv reagierenden Artgenossen, nicht nur nach vorne gehen, sondern zunächst andere Lösungswege suchen. Eine gute Möglichkeit, um erwünschtes Verhalten zu bestärken bzw. gezielte Anleitung zu geben.

Lassen Sie die Fotos auf sich wirken und überlegen Sie für sich, in welchem Moment und auf welche Weise Sie bei Ihrem Hund einwirken würden.

Beim Annähern an das andere Team wird der weiße Rüde immer langsamer und beginnt zu schnüffeln.

Verringert sich die Distanz weiter, zeigt er durch seitliches Wegziehen, dass er ausweichen möchte.

Die kleine Hündin fühlt sich beim Vorbeigehen am entspannt ruhenden Artgenossen unwohl ...

sie weicht aus, schnüffelt ...

und drückt ihre Anspannung durch unruhige Bewegungen aus.

Die Hündin bemerkt einen Artgenossen, ...

wird langsamer, ...

beobachtet und bleibt schließlich stehen.

Signale im Überblick: Vom Wahrnehmen zum Losstarten

Ich verwende gerne die Bezeichnung grüner, gelber und roter Bereich. Das macht die Beschreibung einfacher, verdeutlicht die Stimmung des Hundes und erleichtert die Zuordnung, wenn ich diese Bereiche in den folgenden Kapiteln wieder aufgreife.
Die Übergänge sind fließend und können innerhalb von Sekundenbruchteilen erfolgen. Zudem zeigt jeder Hund die beschriebenen Signale in einer etwas anderen Reihenfolge oder Ausprägung und in Abhängigkeit seiner körperlichen Möglichkeiten. Ein Terrier wird sich immer etwas anders bewegen als ein Basset im gleichen Gemütszustand. Damit Sie die Signale Ihres Hundes besser einordnen können, ist es gut, wenn Sie Vergleiche haben. Wie bewegt und verhält er sich in entspannter Stimmung und was verändert sich bei Aufregung und Anspannung?
Die Hilfestellung, welche Sie Ihrem Hund in dem jeweiligen Moment geben, liste ich an dieser Stelle nur auf. Das genaue Vorgehen und die verschiedenen Übungen beschreibe ich in den nachfolgenden Kapiteln.

Der grüne Bereich beginnt in dem Moment, in dem Ihr Hund den Artgenossen wahrnimmt, sich damit auseinandersetzt, jedoch nicht in Aufregung und Anspannung gerät.

- Er wird langsamer, lässt sich zurückfallen, bleibt stehen, setzt sich hin, wechselt die Richtung.
- Schnüffelt, frisst Gras, buddelt.
- Schaut ab und an zum Gegenüber, wendet sich danach wieder anderen Dingen zu.
- Sucht zwischendurch den Kontakt zu Ihnen, versichert sich, dass Sie noch da sind.
- Greift auf Erlerntes zurück, setzt sich beispielsweise vor Sie, schaut Sie an, geht »bei Fuß«.

Unterstützung: Halten Sie die Leine locker, drängen Sie ihn nicht durch Ihre Körperhaltung in Richtung des anderen Hundes, lassen Sie ihm genügend Raum, um zu schnüffeln, auszuweichen bzw. langsamer zu gehen. Falls er Sie anschaut, geben Sie ihm Rückmeldung, dass er seine Sache gut macht. Zeigen Sie ihm durch Ihr ruhiges Verhalten, dass es nichts zum Aufregen gibt.

Hellgelb – Aufregung und Anspannung nehmen ein klein wenig zu, weil sich der Abstand verringert oder der Artgenosse mehr Interesse erregt.

- Der Hund ist insgesamt etwas angespannter und fokussierter auf den Artgenossen als im grünen Bereich.
- Schaut öfters und intensiver zu ihm, die Ohren sind aufgerichtet, eine kleine Stirnfalte wird sichtbar. Bei Hunden mit sehr schwerem Hängeohr kann oft nur eine kleine Bewegung an der Ohrwurzel beobachtet werden.
- Wird langsamer, verharrt, geht etwas schneller, eventuell mit kürzeren, trippelnden Schritten, richtet sich auf, schnüffelt in die Luft oder in Richtung des Gegenübers.
- Kann sich aber zwischendurch seinen eigenen Belangen zuwenden, wegsehen und sich entspannt bewegen.
- Mehr oder weniger intensive Kontaktaufnahme zu Ihnen bzw. Nachfragen.

Unterstützung: Greifen Sie ein, wenn Ihr Hund den anderen immer häufiger und länger anschaut oder das Schnüffeln, Herumlaufen angespannter wirkt. Sie könnten ihn dann leise ansprechen, mit ihm zusammen ausweichen oder ihm ein Signal geben, damit er sich auf Sie oder eine bestimmte Handlung konzentriert.

Der Übergang von hell- nach mittelgelb geschieht sehr schnell, wenn sich beispielsweise die Distanz zum Gegenüber weiter verringert, dieser besonders aufregend erscheint oder sich der Hund aufgrund zusätzlicher belastender Faktoren bereits in einer angespannten Stimmung befindet.

- Deutlich angespannte Körperhaltung und Bewegungen, Rute wird höher getragen und pendelt eventuell leicht, Rücken- und Nackenhaare eventuell aufgestellt, der Hund richtet sich auf, geht mit steifen, oft kurzen Schritten. (Aufrichten merken Sie daran, dass er in der Schulter höher wirkt.)
- Schaut länger und intensiver zum Gegenüber.
- Einige Vierbeiner beginnen zu zittern, beispielsweise an den Beinen, bei anderen deutet nur ein leichtes Lefzenzittern auf die innere Erregung hin.
- Schleichen oder hinlegen.

Unterstützung: Geben Sie eine konkrete Hilfestellung (ausweichen, erlernte Alternativen, Aufmerksamkeitswechsel auf Sie) und zwar ehe seine Stress- bzw. Übersprungssignale immer intensiver werden. Reagieren Sie spätestens dann, wenn er von sich aus nach 2–3 Sekunden nicht mehr wegsehen kann vom Gegenüber und in eine Art Tunnelblick fällt.

Im orange-roten Bereich ist der Hund kurz vor dem Losstarten, die Ausweich- und Beschwichtigungs-Signale aus den vorhergehenden Bereichen werden nicht mehr gezeigt. Der Hund ist fixiert auf das sich anbahnende Zusammentreffen und wirkt dadurch oftmals nach außen hin relativ ruhig. Umso mehr überrascht dann seine »plötzliche« Reaktion. Welche Signale zeigt Ihr Hund kurz vor dem Losstarten?

- Ein kurzes Innehalten, Schritteverlangsamen, Sich-Hinsetzen?
- Körperhaltung ausgerichtet auf den Artgenossen, Blickfixieren?
- Spannt er die Muskulatur noch mehr an?
- Verlagert er fast unmerklich sein Gewicht – meist zuerst auf die Vorhand und dann Sekundenbruchteile später auf die Hinterhand?
- Hört er auf zu hecheln?

Unterstützung: Reagieren Sie zügig, aber nicht hektisch, gehen Sie mit ihm aus der Situation oder greifen Sie auf das Alternativverhalten zurück, das am besten gelernt und in dieser Situation auch machbar ist.

Dunkelrot - jetzt geht nichts mehr, der Hund reagiert explosiv, springt in die Leine, bellt. Und Sie haben auch nicht mehr die Zeit für ausführliche Beobachtungen. Würden Sie die Situation filmen, könnten Sie kurz vor seinem Ausbruch vermutlich Drohverhalten erkennen:

- Abwehrdrohen mit aufgerissenem Maul, Zähneblecken bis zu den Backenzähnen, Nasenrückenrunzeln, angelegte Ohren, gesenkte Rute, Haare gesträubt über den gesamten Rückenbereich.
- Oder Drohen bei selbstbewusstem Gemütszustand, d.h. äußerst angespannte Bewegungen, Blickfixieren, aufgerichtete Rute, gerunzelter Nasenrücken, angedeutete Stirnfurche, Ohrwurzeln nach vorne gerichtet, Haare gesträubt im Nackenbereich.

Unterstützung: Es geht nur darum, diese Situation zu überstehen, dabei ist alles, was die Aufregung zügig senkt, eine gute Lösung.

Hinlegen: Manche Vierbeiner legen sich auf den Boden, wenn ein Artgenosse in Sicht kommt und sind kaum mehr zum Weitergehen zu bewegen. Dabei kann es sich um eine Spielaufforderung handeln, hier zeigt der Hund meist die typische Vorderkörper-Tiefstellung. D.h. er senkt den Vorderkörper zu Boden und bleibt mit dem Hinterteil in der Luft, oftmals verbunden mit Schwanzwedeln, manche Hunde bellen dabei auffordernd oder tapsen mit der Vorderpfote in die Luft in Richtung des Artgenossen. Einige Hundepersönlichkeiten zeigen Spielaufforderungen auch als Übersprungshandlung, um eine unklare Situation zu entschärfen. Sie sind zwar interessiert an einem Kontakt, er ist ihnen aber grundsätzlich oder in dieser Form/diesem Moment doch nicht so ganz geheuer.
Sich hinlegen und lauern kann auch eine Sequenz des Jagdverhaltens sein. Der Hund verharrt dabei fast unbeweglich und fixiert die Bewegungen des Artgenossen.
In den meisten Fällen jedoch ist es eine Beschwichtigungsgeste. Der Hund fühlt sich unsicher, verlangsamt seine Bewegungen und legt sich dann hin. Je nach Situation beobachtet er die Annäherung des anderen Hundes mit gehobenem Kopf und nach vorne gestellten Ohren, wendet sich ab und blickt immer wieder in eine andere Richtung oder legt sich sogar auf die Seite.
Beobachten Sie, welche Signale dem Hinlegen vorausgehen: langsamer werden, Vorderkörper wird tiefer gehalten, schleichende Bewegungen, Blick in Richtung des Entgegenkommenden, eine bestimmte Ohrstellung oder Kopfhaltung?

Unterstützung: Werden Sie aktiv, sobald Sie die ersten Anzeichen bemerken und geben Sie dem Hund eine konkrete Anleitung, was er tun kann. Wenn er erst einmal liegt, wird es deutlich schwieriger. Gehen Sie dann aber nicht in direkter Richtung weiter auf den Artgenossen zu, sondern wenden etwas zur Seite ab.

Schon fast vorbei und dann ...! Vielleicht schafft es Ihr Hund gerade so, den anderen zu passieren. Aber Sekundenbruchteile später springt er »plötzlich« in dessen Richtung. Damit haben Sie nicht mehr gerechnet!
Warum macht er das? Es kann sein, dass ihn die Begegnung viel Beherrschung kostet und er nun ein Ventil für seine Anspannung benötigt. Vielleicht war einfach der Abstand zum Gegenüber viel zu gering. Eventuell tragen auch Ihre Signale bzw. Ihre mangelnde Achtsamkeit unbeabsichtigter Weise mit dazu bei. Während des Vorbeigehens sind Sie konzentriert, dann atmen Sie in Gedanken auf (die Begegnung ist ja schon fast vorbei), achten nicht mehr so intensiv auf Ihren Hund und geben ihm keine weitere Anleitung. Diese jedoch benötigt er, um auch die nächsten Meter noch gut zu bewältigen.

Welche Vorzeichen könnten Ihnen auffallen? Der Hund geht angespannt, manchmal mit Trippelschritten, wird während des Vorbeigehens immer schneller, blickt kurz zum Gegenüber, vielleicht nur aus den Augenwinkeln, hält für den Bruchteil einer Sekunde inne, eher er losstartet.

Verhalten verändern – die Werkzeugkiste

Um ein Verhalten zu verändern, braucht es in der Regel keine spektakulären Maßnahmen, sondern Geduld, Einfühlungsvermögen, Konsequenz, gut durchdachte Trainingsmaßnahmen und die Bereitschaft, mit dem Hund zusammen diese Aufgabe in Angriff zu nehmen, mit allen Höhen und Tiefen, die es bei einem Lernprozess so gibt.
Mit diesem Kapitel möchte ich Ihre Werkzeugkiste füllen: mit unterschiedlichen Strategien, Gedankenanstößen und ganz praktischen Übungen, die Ihnen und Ihrem Hund helfen, gelassener mit Begegnungen umzugehen.
Ob Sie diese Bausteine dann direkt auf Ihren Spazierwegen einsetzen oder zunächst mit ausgewählten Trainingspartnern üben, hängt davon ab, wie ausgeprägt das Begegnungsproblem ist und welche Bedingungen Sie zur Verfügung haben. Wenn Ihr Hund nur ab und an Schwierigkeiten hat, Sie unterwegs nicht ununterbrochen auf andere Teams treffen oder gute Ausweichmöglichkeiten haben, können Sie einen Großteil der Maßnahmen direkt beim täglichen Spaziergang umsetzen.
Bei vielen Teams sind Begegnungen jedoch schon so stressbelastet, dass erst wieder Ruhe einkehren und eine Grundlage geschaffen werden muss. Eventuell tut es Ihnen beiden gut, wenn Sie Begegnungen zunächst so gut wie möglich aus dem Weg gehen und wieder Sicherheit im Umgang miteinander gewinnen. Festigen Sie bestimmte Fertigkeiten wie Leinenführigkeit oder die Aufmerksamkeit des Hundes auf Sie und trainieren Sie Alternativen zum unerwünschten Verhalten. Parallel dazu üben Sie Begegnungen unter kontrollierbaren Bedingungen und mit Trainingspartnern, die instruiert sind. Hier brauchen Sie keine (oder kaum) Sorge zu haben, dass etwas Unerwartetes passiert und sich auch keine unfreundlichen Kommentare anzuhören. Sie können sich ganz auf sich und den Hund konzentrieren, Begegnungen mehrfach wiederholen und den Abstand einhalten, bei dem Sie und der Hund sich wohlfühlen.
Kontrollierte Übungssituationen sind außerdem sinnvoll, um nach einem Rückschlag wieder Sicherheit zu gewinnen oder neue Lernschritte in Angriff zu nehmen.

Fokus: Gut gemacht!

Es gibt immer etwas, was der Hund richtig macht – auch bei Begegnungen. Zunächst sind es vermutlich nur Kleinigkeiten: Er schaut zum Gegenüber und geht dennoch mit Ihnen weiter, zieht nicht an der Leine oder macht die Ausweichbewegung bereitwilliger mit, als noch vor einigen Tagen.
Leider sind wir oft derart angespannt oder eilen in Gedanken den Geschehnissen voraus und haben bereits den in die Leine preschenden Hund vor Augen, dass wir diese, wenn auch kleinen Tendenzen in die richtige Richtung, kaum bemerken.
Geben Sie Ihrem Hund eine Rückmeldung, wenn er sich gut verhält, es bestärkt ihn darin, dieses Verhalten weiterhin zu zeigen. Je öfters dies geschieht, umso weniger Raum bleibt für unerwünschtes Verhalten. Sie müssen nicht in Jubelrufe ausbrechen, viele Hunde schätzen ein leises Lob, einen bestätigenden Blick, kurzen Körperkontakt oder ein Leckerchen.
Diese »Plus-Momente« tun Hund und Mensch gut, sie zeigen, dass nicht alles falsch läuft. Das schafft eine positive Stimmung und motiviert zum Weitermachen.

Mit Ruhe und Kompetenz

Es ist unbestritten, dass Ihr Verhalten Auswirkungen auf den Hund hat, im positiven wie im negativen. Das bedeutet aber nicht, dass Sie mit selbstbewusstem Auftreten alle Probleme lösen oder die grundsätzliche Ursache für das reaktive Verhalten sind.
Vielleicht waren Sie entspannt unterwegs, bis Ihr Hund eines Tages für Sie völlig unerwartet auf ein Zusammentreffen sehr heftig reagierte. Oder Ihre Nervosität entwickelte sich parallel zum zunehmenden Begegnungsproblem Ihres Hundes und nun befinden Sie sich in einer Art Aufregungsspirale – ein anderer Hund bedeutet Anspannung.
Gedanken wie »ich muss entspannter sein« erzeugen meist noch mehr Druck. Gelassenheit stellt sich erst dann ein, wenn Sie wissen, wie Sie handeln und Ihren Hund beeinflussen können.

Die eigene Aufregung

Ihre Anspannung ist verständlich und den bisherigen Erfahrungen geschuldet, nur erlebt der Hund dadurch Begegnungen weiterhin als etwas Aufregendes. Ihre Aufregungs-Signale machen ihn unter Umständen erst recht aufmerksam, erschweren eine eindeutige Hilfestellung und vermitteln ihm den Eindruck, dass Sie selbst ebenfalls unsicher sind.
Viele Abläufe sind allerdings bereits so sehr zur Gewohnheit geworden, dass man sie selbst nicht mehr wahrnimmt. Hier helfen Videoaufnahmen oder Rückmeldungen durch kompetente Außenstehende. Überprüfen Sie:

- Fassen Sie die Leine fester, versuchen Sie, diese noch schnell an anderer Stelle einzuklinken oder kürzer zu schnallen, um den Hund besser halten zu können?
- Verändern Sie Ihre Körperhaltung, werden Sie langsamer oder gehen betont forsch auf den anderen zu, bewegen Sie sich hastiger?
- Ändert sich Ihr Atemrhythmus, bekommt Ihre Stimme einen flehenden oder drohenden Unterton?
- Fallen Sie in eine Art Aktionismus? Versuchen Sie, den Hund mit Anweisungen zu überhäufen, in der Hoffnung, dass eine zu ihm durchdringt? Bieten Sie ihm Leckerchen oder eilige Richtungswechsel an, um ihn irgendwie doch noch zu beeinflussen?

Ersetzen Sie Ihre Aufregung nach und nach durch hilfreicheres Vorgehen. Flüchten Sie beispielsweise nicht überstürzt, sondern überlegen Sie kurz, welche Strategie in diesem Moment am sinnvollsten ist und dann handeln Sie. Versuchen Sie ruhig und leise zu sprechen. Geben Sie eindeutige Anweisungen, damit der Hund sofort versteht, was Sie von ihm möchten. Konzentrieren Sie sich in angespannten Momenten auf das Ausatmen, das bringt Ruhe und das Einatmen ergibt sich dann von ganz allein. Probieren Sie den Unterschied aus: Beim Luftanhalten oder heftigem Einatmen, geraten Sie fast automatisch in eine angespannte Haltung. Beim Ausatmen entspannt sich Ihr Körper.

Tipp: Wenn Sie nicht gerne analysiert werden, dann beobachten Sie andere Hundehalter bei Begegnungen und im Umgang mit ihrem reaktiven Vierbeiner. Achten Sie dabei auf die Körperhaltung des Menschen, sein Tempo, die Wegführung, Leinenhaltung und die Kommunikation zwischen Halter und Hund. Auf diese Weise bemerken Sie die weniger hilfreichen Signale, können überlegen, welches Vorgehen

Vom Leinenhalter zum Wegweiser, auf den man sich verlassen kann: Überzeugen Sie den Hund durch Ruhe, Kompetenz und Einfühlungsvermögen. Leben Sie ihm die Souveränität und Gelassenheit vor, die Sie von ihm erwarten.

geeigneter wäre, sehen Teams, die vertrauensvoll zusammenarbeiten und bekommen Anregungen, die Sie für sich übernehmen könnten.
Zusätzlich können verschiedene Techniken von Yoga über Atemübungen bis hin zur Visualisierung des erwünschten Verhaltens zu mehr Ruhe und Gelassenheit beitragen. Probieren Sie aus, was Ihnen hier weiterhilft.

Selbstbewusst führen, reicht das?

Bei leichten Begegnungsproblemen kann Ihr ruhiges Vorbildverhalten genügen, um dem Hund seine Anspannung, Angst oder Aufregung zu nehmen oder zumindest deutlich zu mindern. Vor allem dann, wenn es mit klugem Vorgehen gekoppelt ist, wie beispielsweise einer geeigneten Wegführung. Sie machen kein großes Aufheben um die Begegnung, sondern zeigen, wie gehandelt werden kann.
Wenn ihn eine Begegnung sehr belastet oder völlig überfordert, reicht selbstbewusstes Führen allein nicht aus. Der Hund ist außerdem so sehr mit seinen Empfindungen beschäftigt, dass es ihm nur unzureichend gelingt, sich an Ihnen zu orientieren.
Ein Beispiel zum besseren Verständnis: Sie haben starke Höhenangst. Hilft es Ihnen wirklich, wenn Sie jemand festhält und ohne weitere Informationen dicht am Abgrund entlangführt? Die Gelassenheit Ihrer Begleitperson mag Ihre Verunsicherung ein wenig mildern, vermutlich benötigen Sie aber noch zusätzliche Hilfen, um die Angst in den Griff zu bekommen. Und selbst wenn Sie sich einer Konfrontations-Therapie stellen, wird diese begleitet durch Erklärungen und es ist Ihre Entscheidung.
Ihrem Hund können Sie nichts erklären und häufig ist eine Begegnung auch nicht seine freie Entscheidung. Schauen Sie deshalb genau hin, welche Unterstützung Ihr Hund in der jeweiligen Situation benötigt. Setzen Sie sich nicht über seine Bedürfnisse hinweg. Er soll eine Begegnung nicht nur irgendwie hinter sich bringen, sondern sie zunehmend als nicht mehr so stressig empfinden. Dazu braucht er in vielen Fällen neben Ihrer Gelassenheit auch ein Annähern in kleinen Schritten und Strategien, durch die er umlernen kann.

»Er muss doch merken, dass ich das für ihn regle!«

Ja, er wird es bemerken, nur geht das meist nicht so schnell und einfach, wie wir uns dies wünschen.
Das vorrangige Bedürfnis des Hundes ist es, eine bestimmte Situation möglichst ohne Schaden zu überstehen. Es kann ihm eine große Hilfe sein, wenn Sie wissen, wie das geht. Einige Hundepersönlichkeiten nehmen die Unterstützung fast erleichtert an, bei den meisten ist jedoch viel Geduld nötig, und manchmal müssen Sie erst Ihre Fähigkeiten unter Beweis stellen, um den Hund von Ihrer Kompetenz zu überzeugen.

Ein Tipp: Beginnen Sie damit nicht sogleich bei Begegnungen oder zumindest nicht ausschließlich. Vermutlich sind Sie hier doch noch nicht so souverän, wie Sie es sich eigentlich wünschen, und die, wenn auch leichte, Unsicherheit bleibt dem Hund nicht verborgen.
Stärken Sie das Vertrauen in Ihre Fähigkeit beim täglichen Miteinander und in Situationen, denen Sie sich gewachsen fühlen. Beispiele: Der Hund traut sich nicht, über eine wackelige Brücke zu gehen, findet den großen und lauten Baustellenkran etwas gruselig oder zögert beim Begehen einer Drehtüre. Wenn Sie in diesem Moment eine machbare Strategie für ihn parat haben,

Ihre Anleitung nachvollziehbar ist und Sie ihm ein ruhiges Vorbild sind, wächst sein Vertrauen in Ihre Kompetenz.

Ist Ihr Hund grundsätzlich damit vertraut, dass Sie etwas regeln? Wenn ihm Regeln eher fremd sind und er überwiegend eigene Entscheidungen treffen darf, fällt es ihm natürlich bei aufregenden Begegnungen schwer, auf Ihre Informationen zu achten. Es geht nicht darum, ihn nun im Alltag mit Geboten zu überhäufen, damit er sich daran gewöhnt, dass Sie die Dinge regeln. Vermitteln Sie wenige nachvollziehbare Richtlinien, die ein harmonisches Miteinander ermöglichen und Gefahren abwenden und auf deren Einhaltung Sie bestehen können. Beispiele: Der Hund wartet, bis Sie ihm die Erlaubnis zum Aussteigen aus dem Auto geben, Besucher werden nicht angesprungen oder am Tisch darf nicht gebettelt werden.

Kompetenz bei Begegnungen: Sie bemerken die Signale Ihres Hundes, berücksichtigen seine individuellen Bedürfnisse und sorgen durch Ihr Handeln, dass sich sein Unwohlsein beim Anblick des Artgenossen nicht steigert, sondern verringert. Je öfter der Hund diese Erfahrung macht, umso eher wird er Ihren Entscheidungen vertrauen.

Durch gemeinsame Unternehmungen lässt sich das Begegnungsproblem sicher nicht aus der Welt schaffen. Sie beide lernen dabei aber, aufeinander zu achten und sich gegenseitig zu vertrauen.

Zeigen Sie Ihrem Hund, wie ungewohnte oder schwierige Situationen gemeistert werden können.

Konfliktfreie Hundestrategien wieder entdecken

Das klingt erst einmal nicht allzu erfolgversprechend, denn die Strategien Ihres Hundes sind im Moment ja nicht die besten. Dennoch sind viele Verhaltensweisen von Hunden bei Begegnungen genau auf das ausgerichtet, was wir uns wünschen, nämlich unbeschadet aneinander vorbeizukommen. Rufen Sie sich die Signale Ihres Hundes aus dem grünen bzw. hellgelben Stimmungsbereich ins Gedächtnis. Genau betrachtet zielen fast alle seine Reaktionen darauf ab, Zeit zu gewinnen, einen ausreichenden Abstand zum Gegenüber herzustellen und sich selbst zu beruhigen. Nur sind diese Lösungsansätze bei manchem Vierbeiner etwas in Vergessenheit geraten. Geben Sie Ihrem Hund die Möglichkeit, seine konfliktfreien Lösungen wieder zu entdecken und helfen Sie ihm, diese weiter auszubauen.

Entspannt beobachten

Beobachten und Handeln im grünen Bereich, d.h. auf große Entfernung, kommt im Alltag viel zu kurz, weil das Augenmerk auf den mehr oder weniger direkten Begegnungen liegt. Es hat aber den großen Vorteil, dass sich Ihr Hund mit der (entfernten) Anwesenheit des Artgenossen auseinandersetzen kann, ohne sich aufregen oder ängstigen zu müssen. Besonders für unsichere oder sehr aufgeregte Vierbeiner ist dies eine gute Ergänzung zu anderen Trainingsmaßnahmen und für Sie eine weitere Möglichkeit, Ihren Hund lesen zu lernen.

Sie brauchen dazu entweder eine bewusst arrangierte Situation oder eine Hundesichtung im Alltag auf große Distanz und ohne direktes Zusammentreffen, z.B. in der Nähe einer beliebten Gassi-Geh-Strecke. Wichtig ist, dass die anderen Vierbeiner unter Kontrolle sind, es wäre ungeschickt, wenn einer davon einen Abstecher zu Ihnen unternimmt.

Ich beginne beim Training oft mit einer Entfernung von 100 bis 150 Metern. Diese Distanz benötigen Sie vor allem dann, wenn sich der Hund schnell »feststarrt« und sich in seine Wahrnehmung und die damit verbundene

Ideal zum Beobachten: große Entfernung, Rückzugsmöglichkeit und ein paar Büsche, die teilweise Sichtschutz bieten.

Aufregung hineinsteigern. Übungsziel ist nicht, möglichst schnell und nahe bei einem anderen Hund sein zu können, sondern die ruhige Gestimmtheit des Hundes. Ob Sie beim Beobachten entspannt auf einem Mäuerchen sitzen und den Hund an längerer Leine neben sich haben oder ein wenig auf und abgehen, hängt von der Situation ab.
Lassen Sie den Hund gewähren, beobachten Sie ihn und greifen Sie nur ein, um seine eigenen guten Strategien zu bestätigen oder ihm zu helfen, falls die Aufregung doch zu groß werden sollte.

Beispiele:
Sie bemerken seine Ausweichbewegungen und unterstützen diese, indem Sie ihm genügend Leinenspielraum lassen, an lockerer Leine hinter ihm hergehen oder ihn bewusst etwas abseits führen.
Wenn er sich zwischendurch an Ihnen orientiert, d.h. Sie anschaut, sich dicht neben Sie setzt, zeigen Sie ihm durch Ihre Gelassenheit, dass alles in Ordnung ist und es nichts zum Aufregen gibt. Sucht er häufig den Kontakt zu Ihnen, wird dabei hektisch oder angespannt, braucht er vermutlich eine gezieltere Hilfe.

Vergrößern Sie den Abstand oder geben Sie ihm eine kleine Aufgabe, die er gut gelernt hat und gerne ausführt.
Sie können Ihren Hund auch gezielt loben bzw. belohnen, wenn er sich nach einem Blick zum Artgenossen bewusst von diesem ab- und sich wieder Ihnen oder anderen Dingen zuwendet. Hier ist gutes Timing entscheidend: Loben Sie zu früh, bestätigen Sie eventuell noch das angespannte Gefühl. Warten Sie damit zu lange, bringt es der Hund nicht mehr mit seinem Abwenden in Verbindung.

Wählen Sie anfangs eher eine größere Distanz und einen ruhigen Artgenossen. Der Hund soll beim Beobachten nicht in Aufregung geraten.
Unruhige, angespannte Bewegungen, fast zwanghaftes Schnüffeln oder Buddeln, ständiger Blick zum Artgenossen sind ein Zeichen dafür, dass der Abstand zu gering ist oder der Hund einen weniger aufregenden Sparringspartner braucht.

Nachschnüffeln, d.h. die Spur eines Artgenossen genauer untersuchen, ist für manche Vierbeiner eine gute Ergänzung zum Anschauen und um mehr Informationen über den Artgenossen zu erhalten, ohne direkten Kontakt haben zu müssen. Nachschnüffeln hilft nicht jedem Hund und Sie sollten auf ein paar Punkte achten, damit es gewinnbringend ist und nicht zu noch mehr Anspannung führt:

- Der andere Hund ist bereits weiter entfernt oder außer Sicht, damit Ihr Hund in Ruhe schnüffeln kann und nicht in Sorge den Artgenossen beäugen muss.
- Ihr Hund darf sich mit dem Geruch beschäftigen, solange er ruhig und interessiert schnüffelt. Variieren Sie die Zeitdauer, üben Sie mit ihm das Weitergehen, das Verlassen der Spur, damit er lernt, auch in solchen Momenten auf Sie zu achten und mit Ihnen zusammenzuarbeiten.
- Brechen Sie ab, falls sich Ihr Hund in die Wahrnehmung hineinsteigert, beispielsweise zunehmend hektischer schnüffelt oder immer weniger ansprechbar erscheint. Artgenossen sind zwar interessant, aber kein Grund für gesteigerte Aufregung.
- Nachschnüffeln lassen bedeutet nicht, dass Ihr Vierbeiner Sie aufgeregt von Spur zu Spur ziehen darf. Er muss nicht jedem Geruch nachgehen, den er spannend findet.

Ausweichen – im Bogen vorbei- oder zur Seite gehen

Unter Hunden gilt: Wer im Bogen vorbeigeht und seine Aufmerksamkeit etwas anderem zuwendet, signalisiert, dass er kein Interesse an einem wie auch immer gearteten Kontakt hat. Wenn ich den Punkt »Ausweichen« anspreche, kommt schnell die Frage auf: »Muss ich nun immer einen Bogen gehen, die Straßenseite wechseln? Wie soll das im Alltag gehen?« Oder: »Es kann doch nicht sein, dass mein Hund mir vorschreibt, wie ich zu gehen habe.«
Nein! Sie müssen nicht immer weiträumig ausweichen, die Distanz wird im Laufe der Zeit zunehmend kleiner werden und der Hund bestimmt damit auch nicht Ihr Tun. Es ist auch kein Ausdruck von Versagen, nach dem Motto: Wir haben es nicht geschafft, auf direktem Wege vorbeizugehen.
Ausweichen vermeidet Konflikte, wirkt deeskalierend auf entgegenkommende Artgenossen, berücksichtigt die individuelle Wohlfühldistanz des Hundes und lässt genügend Spielraum, um im Notfall effektiv handeln zu können. Es schafft gute Lernbedingungen und zeigt dem Hund, dass auch Sie wissen, wie man sich souverän aneinander vorbei bewegt.

Während des Trainings fällt es sicher leichter, großräumig auszuweichen, weil Sie hier die räumlichen Möglichkeiten dazu haben und gedanklich darauf eingestellt sind. Im Alltag müssen Sie erst ausprobieren, auf welchen Strecken, welche Wegführung möglich ist und sich Richtungsänderungen als Handlungsalternative immer wieder ins Gedächtnis rufen. Mit der Zeit wird dies jedoch fast selbstverständlich und Sie werden immer geschickter darin, auch kleine Ausweichmöglichkeiten zu erkennen.

Im Bogen vorbei: Sobald Ihr Hund den Entgegenkommenden bemerkt und sich stimmungsmäßig noch im grünen oder hellgelben Bereich befindet, weichen Sie wie selbstverständlich zur Seite hin aus und gehen in großem Bogen vorbei. Manchem Hund hilft es, wenn er vor der Ausweichbewegung angesprochen oder mit einem

Ausweichen ist für uns Menschen oft gewöhnungsbedürftig, erfordert ein Umdenken und ein Sich-Einfühlen in den Vierbeiner an unserer Seite. Für Hunde ist es jedoch eine gute Strategie, um mit Begegnungen zurechtzukommen. Die kleine Hündin zeigt es hier sehr deutlich!

Diese Hunde-Strategie können Sie ohne großen Aufwand in die Wegführung mit einfließen lassen. Hier bietet die kurz gemähte Wiese viel Raum zum Ausweichen.

Signal zum Mitlaufen aufgefordert wird. Bei schnellen Richtungsänderungen ist dies auf alle Fälle angebracht, damit er darauf vorbereitet ist. Planen Sie anfangs lieber mehr Raum ein, damit der Hund ohne große Anspannung weitergehen kann. Wenn Sie häufig zu knapp kalkulieren und er sich weiterhin aufregt, wird er das Ausweichen nicht als sinnvolle Lösung ansehen. Achten Sie darauf, dass der Vierbeiner nicht nur durch die Leine mitgezogen wird. Wenn er an lockerer Leine mitgehen kann, ist das ein guter Gradmesser dafür, dass Abstand und Wegführung richtig gewählt sind.

Schlangenlinien, d.h. in kleinen Bögen gehen, sind ein nächster Lernschritt nach den großen Ausweichbögen und meist auch auf normalen Wegen noch machbar. Der Hund muss dem Artgenossen nicht frontal entgegengehen, sondern hat durch die kleinen Bögen immer eine Ausweichmöglichkeit, das mildert die Aufregung und verhindert, dass er den anderen anstarrt oder angespannt verharrt. Die kleinen Bögen können bei Bedarf rasch in ein weiträumiges Ausweichen umgewandelt werden.

Vielen Hunden fällt es leichter, in großem Abstand hinter einem Artgenossen zu gehen, als vor ihm zu laufen. Auch hier sind die kleinen Schlangenlinien-Bögen nützlich. Der Abstand lässt sich gut variieren, Ihr Hund kann in den Kurven auf Sie achten oder auch mal am Wegesrand schnüffeln und hat so den vor ihm gehenden Vierbeiner nicht ständig im Fokus.

Nützen Sie Schlangenlinien, um sich anderen Teams immer mehr anzunähern. Gehen Sie in zwei oder drei Zick-Zack-Bögen auf den anderen zu und dann rechtzeitig im größeren Bogen vorbei oder biegen Sie zur Seite ab.

Zur Seite gehen greift die Hundestrategie des Ausweichens auf und signalisiert, dass Sie an einem Kontakt nicht interessiert sind. Bei Begegnungen gehen Sie rechtzeitig an den Straßenrand oder auch mehrere Meter abseits und lassen den Gegenverkehr passieren.

Eventuell müssen Sie beide das zügige, aber unaufgeregte Abbiegen erst einmal üben oder zumindest in einer Trainingssituation ausprobieren, ehe Sie es im Alltag anwenden.
Gehen Sie beispielsweise mit dem angeleinten Hund einen Weg entlang, geben Sie das dafür vorgesehene Signal, z.B. SEITE, und führen Sie ihn an die anvisierte Stelle. Unterstützen Sie dies durch eine ruhige Armbewegung in Richtung der Ausweichstelle. Wenn Sie an der angedachten Stelle angekommen sind, verweilen Sie dort kurz, loben bzw. belohnen

Zur Seite gehen erfüllt mehrere Funktionen: Zum einen erhält Ihr Hund Abstand zum Artgenossen, zum anderen wirkt es deeskalierend auf den Entgegenkommenden, weil sich der Hund nicht mit ihm beschäftigt.

Gewöhnen Sie Ihren Hund daran, dass Sie dabei auch mal dicht neben ihm oder vor ihm stehen. So können Sie ihn im Ernstfall noch besser abschirmen bzw. schützen.

den Hund und gehen dann ruhig mit ihm weiter. Beobachten Sie Ihren Hund, ob bzw. welche Unterstützung er an der Ausweichstelle benötigt. Hilft es ihm, wenn er dicht neben Ihnen sitzt und sich auf Sie konzentriert (s. Übung Blickkontakt halten) oder fühlt er sich wohler, wenn Sie beide ein wenig in Bewegung bleiben?

Die gedankliche Weggabelung

Immer wieder berichten mir Hundehalter enttäuscht, dass Ihre Anweisung für ein bestimmtes Alternativverhalten nicht ausgereicht hätte, um den Hund bei Begegnungen zu kontrollieren. Die Ursache für den mangelnden Erfolg liegt meist nicht an der Handlung an sich, sondern an einer etwas ungeschickten Vorgehensweise und zu großen Lernschritten.

Stellen Sie sich das Ganze als Weg vor, der sich teilt. Der alte Pfad führt geradewegs in den roten Bereich von Aufregung und Anspannung, deshalb möchten Sie an der Weggabelung einen neuen Weg einschlagen. Aber warum soll der Hund seinen schon so oft gegangenen Weg verlassen – gedanklich und auch ganz praktisch - mit Ihnen gehen und Ihren Anweisungen nachkommen, wenn ihm diese noch nicht ausreichend vertraut sind? Und dies vielleicht sogar, obwohl er bereits an der Weggabelung vorbei ist und nur noch mit viel Mühe umkehren kann.

Üben Sie mit Ihrem Hund also nicht nur die Handlung an sich, bis er sicher weiß, was er tun soll, sondern besonders das »Abzweigen«. Hier stellen Sie die Weichen, wie eine Begegnung verlaufen wird. Zu Beginn des Umlernens geben Sie das Signal zur Zusammenarbeit bzw. für eine bestimmte Aufgabe frühzeitig, solange sich der Hund im grünen Stimmungsbereich befindet. Er kann sich dann leichter auf Sie und den neuen Weg einlassen.

Falls Sie die Abzweigung verpasst haben und der Hund bereits in seinen Emotionen feststeckt, können Sie »nur« noch versuchen, ihn einigermaßen gut durch die Begegnung zu bringen. Erwünschtes Verhalten zu lernen und abzuspeichern, ist in diesem Moment nicht mehr möglich, der Hund hat eine Denkblockade.

Durch viel Übung und Vertrauen zu Ihnen lernt der Hund, dem Signal auch bei etwas mehr Ablenkung zu folgen oder wenn seine Stimmung etwas angespannter ist. Oftmals kann er dann sogar noch unterbrochen und umgelenkt werden, wenn er wenige Schritte über die Weggabelung hinaus und seine Stimmung bereits im dunkleren Gelbbereich ist.

Nützliche Fertigkeiten

In diesem Fach der Werkzeugkiste finden Sie Strategien, die Sie handlungsfähig machen und Ihrem Hund einen Weg aufzeigen, was er tun kann, anstatt sich aufzuregen. Je besser das Vorgehen auf die Persönlichkeit und die Bedürfnisse des Hundes abgestimmt ist, umso leichter wird er es lernen. Wenn er sich mit der Strategie wohlfühlt, wartet er oft erkennbar auf Ihr Signal, sobald sich eine Begegnung anbahnt. Manche Vierbeiner zeigen nach einiger Zeit das Alternativverhalten sogar von sich aus, wenn ein anderer Hund auftaucht.

Wir gehen WEITER

Ich mag diese Übung sehr, weil sich damit mancher Konflikt bereits im Entstehen abschwächen lässt. Der Hund lernt, sein Interesse von etwas abzuwenden (körperlich und gedanklich) und mit Ihnen in die angegebene Richtung weiterzugehen. Das Signal »WEITER« oder »DA LANG« lässt sich sehr gelassen aussprechen und erinnert auch Sie

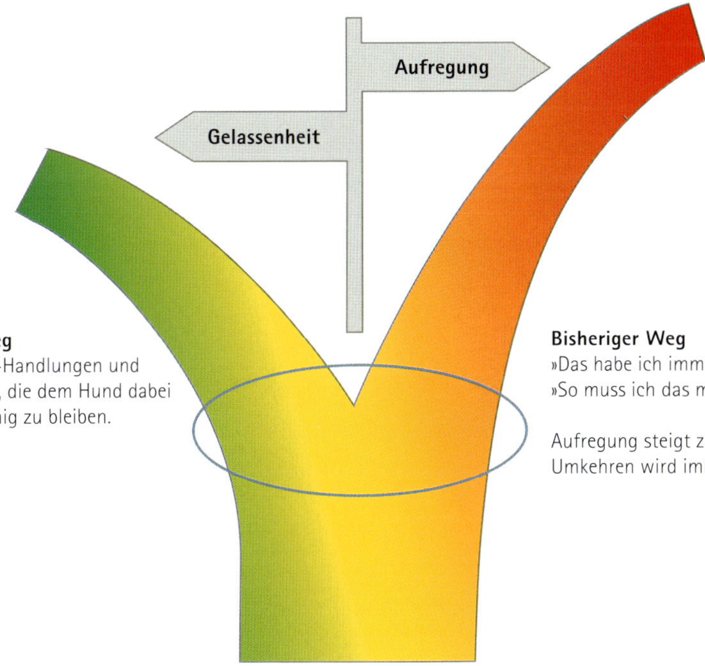

Neuer Weg
Alternativ-Handlungen und Strategien, die dem Hund dabei helfen, ruhig zu bleiben.

Bisheriger Weg
»Das habe ich immer schon so gemacht.«
»So muss ich das machen, weil ...«

Aufregung steigt zunehmend, Umkehren wird immer schwieriger.

Abzweigung
Damit der Hund seinen eingefahrenen Weg verlässt und mit Ihnen den neuen Weg beschreitet, muss er:

- die Information rechtzeitig erhalten
- genau verstehen und gelernt haben, was Sie von ihm möchten
- (bei Unklarheiten wird er sich eher wieder seinem bisherigen Weg zuwenden)
- sich mit der gewählten Strategie wohlfühlen
- Ihnen vertrauen! Sobald er Ihrer Anweisung nachkommt, übergibt er Ihnen die Verantwortung für das Geschehen.

Zu Beginn der Verhaltens-Veränderung ist der bisher begangene Weg breit, ausgetreten und so vertraut, dass er fast automatisch eingeschlagen wird, auch wenn er negativ verläuft und mit viel Aufregung endet.
Die Abzweigung wird anfangs häufig überlaufen und der neue Weg ist vergleichbar mit einem schmalen Pfad, der noch einige Hindernisse bereithält und auf dem man sich erst zurechtfinden muss.
Mit der Zeit wird die Abzweigstelle immer deutlicher, der neue Weg zunehmend vertrauter, bis er irgendwann zum Hauptweg wird und der alte Weg mehr und mehr in Vergessenheit gerät und zuwuchert.

Erwünschtes Verhalten muss eingeübt werden, zunächst in ruhigem Umfeld, dann bei etwas mehr Ablenkung oder mit dem Übungspartner. Erst wenn der Hund hier gut auf das Signal reagiert, können Sie es bei Begegnungen verwenden.

daran, dass Sie beide gerade kein Interesse am Entgegenkommenden haben. Gehen Sie dabei nicht direkt auf den anderen Hund zu, sondern in einen mehr oder weniger großen Ausweichbogen vorbei.

Übungsaufbau:
Der Hund darf sich kurz mit einer geringfügigen Ablenkung (einem Geruch am Wegrand, dem Passanten auf der anderen Straßenseite) beschäftigen, z.B. daran schnüffeln, hinschauen, dann geben Sie ihm das Signal zum Weitergehen. Dazu sprechen Sie ihn mit Namen und dem Signal an, zeitgleich zeigen Sie mit einer deutlichen Armbewegung in die Richtung, in die Sie gehen möchten. Lassen Sie dabei immer ausreichend Leinenspielraum, der Hund soll nicht herbeigezerrt und der Zug an der Leine nicht zum Signal werden. Anfangs reagiert der Hund auf Ihren Tonfall und Ihre Körpersprache, das Wort wird erst im Laufe der Zeit zum Signal. Wenn der Hund mitkommt, wird er im Weitergehen gelobt. Dieses Lob hat entscheidenden Anteil am Gelingen, denn warum sollte sich der Hund von etwas Spannendem abwenden und Ihnen folgen, wenn sich das Ganze nicht lohnt?

Damit der Hund zügig und kontinuierlich mit Ihnen weitergeht, können Sie ihm während des Gehens immer wieder ein Leckerchen geben. Falls er dann zu sehr mit Kauen beschäftigt ist, bleiben Sie nach ein paar Schritten stehen, er bekommt das Futter und Sie gehen weiter. Die Strecke verlängern Sie dann nach und nach. Manche Hunde motiviert es, wenn Sie sofort nach dem Signal mit ihm in die anvisierte Richtung eilen, nicht rennen, aber sehr zügig und zielstrebig gehen.
WEITERgehen lässt sich auch gut mit TOUCH oder Futterschlecken kombinieren.

Aufmerksamkeitswechsel – das etwas andere Abbruch-Signal

Der Hund lernt, auf ein entsprechendes Signal hin, seine Aufmerksamkeit schnellstmöglich auf Sie zu lenken. Im Prinzip ist das ein effektiver, aber unspektakulärer Abbruch des unerwünschten Verhaltens: Er hört damit auf, den Artgenossen anzusehen und wendet sich Ihnen zu. Dadurch wird er auch wieder empfänglich für eine Zusammenarbeit und Sie können ihm weitere Anweisungen geben.

Übungsaufbau:
Überlegen Sie sich einen bestimmten Aufmerksamkeits-Laut, ein immer gleiches Schnalz- oder Pfeifgeräusch oder ein verbales Signal. Der Hundename eignet sich hierzu nicht besonders. Er wird im täglichen Umgang so oft verwendet, ohne damit eine bestimmte Anweisung an den Hund zu verbinden.

Als erstes lernt der Hund: Das Signal bedeutet etwas Erfreuliches. Aus dieser Erwartungshaltung heraus richtet er seine Aufmerksamkeit immer schneller auf Sie, sobald Sie das Signal gegeben haben. Zu Beginn befindet er sich in Ihrer unmittelbaren Nähe und ist nicht abgelenkt, notfalls begrenzen Sie seinen Radius durch eine Leine. Sagen Sie das ausgewählte Signal bzw. machen das entsprechende Geräusch und geben dem Hund sofort danach ein Leckerchen. Bei sehr unsicheren Hunden können Sie bei den ersten Übungen das Futter direkt vor sich auf den Boden fallen lassen. Wiederholen Sie diesen Lernschritt innerhalb der nächsten Tage mehrmals.
Danach überprüfen Sie, ob der Hund bereits eine Verknüpfung hergestellt hat: Geben Sie das Signal, wenn er nicht damit rechnet. Schaut er daraufhin sofort in Ihre Richtung, hat er verstanden, dass das Signal eine Belohnung ankündigt.
In weiteren Lernschritten festigen Sie den zügigen Aufmerksamkeits-Wechsel: Wenn der Hund leicht abgelenkt ist, sich nicht unmittelbar neben, sondern z.B. etwas vor Ihnen befindet. Üben Sie in unterschiedlichen Umgebungen und zunehmend auch bei stärkerer Ablenkung durch Spaziergänger, auffliegende Vögel, eine Katze usw. Belohnen Sie den Hund sofort mit großer Freude, wenn er sich Ihnen zuwendet.
Sollte er nicht mehr prompt reagieren oder sich Ihnen nur teilweise zuwenden, machen Sie nicht den Fehler, den abgelenkten Hund durch ständige Aufmerksamkeits-Signale doch noch aufmerksam zu bekommen. Gehen Sie lieber nochmal einen Übungsschritt zurück.

Blickkontakt halten

Auf ein Signal, z.B. SCHAU, richtet der Hund seine Aufmerksamkeit auf Sie und hält diese so lange, bis Sie ihm signalisieren, dass er sich wieder anderen Dingen zuwenden darf. Auf diese Weise können Sie ihn auf sich konzentrieren, während Sie im Bogen an anderen vorbeigehen oder abseits stehen bis andere vorbeigegangen sind.

Im Prinzip reicht es, wenn der Hund dabei zuverlässig in Richtung Ihres Oberkörpers/ Gesichts schaut, er muss Ihnen nicht direkt in die Augen sehen.

Übungsaufbau:
Am einfachsten ist es, wenn Ihr Hund von sich aus öfters Blickkontakt mit Ihnen aufnimmt. Loben und belohnen Sie ihn nun jedes Mal dafür. Zusätzlich sagen Sie im Moment der Blickaufnahme Ihr Signal und er bekommt unmittelbar anschließend eine Belohnung.

Zeigt der Hund von sich aus eher wenig Interesse, helfen Sie etwas nach. Wählen Sie für die ersten Übungsschritte am besten einen geschlossenen Raum ohne große Ablenkung. Für einige Kleinhunde ist es einfacher, wenn Sie anfangs auf deren Höhe sind, in dem Sie in die Hocke gehen.
Nehmen Sie ein Leckerchen in die Hand und halten Sie dies etwas von sich weg. Vermutlich wird der Hund Ihre Hand fixieren oder versuchen, das Leckerchen zu bekommen. Halten Sie die Hand ruhig, geben Sie keine weiteren Anweisungen, warten Sie einfach ab. Die meisten Hunde suchen nach kurzer Zeit den Blickkontakt mit ihrem Menschen. Loben Sie Ihren Hund sofort für diese Entscheidung und geben Sie ihm eine Belohnung.
Mancher Vierbeiner ist hier allerdings wie blockiert auf die Futterhand fixiert. Unterstützen Sie ihn, indem Sie einen leisen Laut von sich geben. Schaut er daraufhin zu Ihnen, loben und belohnen Sie ihn sofort. Wenn er sehr aufgeregt und hektisch wird, brechen Sie die Aufgabe besser ab. Geben Sie dem Hund die Möglichkeit, sich zu beruhigen, und versuchen Sie es dann erneut. Nach einigen Wiederholungen haben die meisten Hunde gelernt, dass Blickkontaktaufnehmen eine Möglichkeit ist, an das Futter zu gelangen. Jetzt geben Sie im Moment der Blickaufnahme zusätzlich das Signal SCHAU. Im nächsten Schritt überprüfen Sie, ob das Signal bereits eine Bedeutung hat für den Hund. Sagen Sie nun zuerst das Signal für den Blickkontakt und loben Sie den Hund sofort, wenn er Sie daraufhin anschaut.

In weiteren Schritten lernt der Hund, seine Aufmerksamkeit immer länger aufrechtzuerhalten, d.h. er bekommt das Lob, die Belohnung, erst, wenn er einige Sekunden lang aufmerksam war. Steigern Sie die Konzentrationszeit schrittweise, üben Sie während des Gehens, wenn Sie abseitsstehen und mit unterschiedlichen Ablenkungen.

Alternative – Spielzeug: Falls dem Hund der Blickkontakt zu Ihnen sehr schwerfällt, können Sie seine Aufmerksamkeit unter Umständen auch auf ein Spielzeug lenken. Wählen Sie dazu einen Gegenstand, den er besonders gerne hat, und spielen Sie immer mal wieder mit dem Hund zusammen damit. Begleiten Sie das Spiel mit einem Signal, z.B. Ball o.ä., dann reagiert der Hund mit der Zeit auf dieses Signal, auch wenn Sie den Ball einmal verspätet aus der Tasche ziehen.

Ablauf: Sie nehmen den Ball in die Hand, geben das entsprechende Signal, der Hund wendet sich Ihnen zu und bekommt anfangs dann sofort das Spielzeug. Verlängern Sie, wie beim Blickkontakthalten, die Wartezeit nach und nach, bis sich der Hund zuverlässig auch über mehrere Sekunden auf das Spielzeug in Ihrer Hand konzentriert. Erst dann nutzen Sie es bei Begegnungen.

Die Hundehalterin gibt das Signal rechtzeitig, der Hund wendet sich ihr zu und bleibt mit seiner Aufmerksamkeit bei ihr, bis das andere Team vorbeigegangen ist.

Achtsamkeit beim Einsatz von Spielzeug

Spielzeug ist für einige Hunde eine sehr schöne Belohnung oder gut geeignet, um sie zu motivieren. Wenn Ihr Hund das Spielzeug als Ressource betrachtet und zum Verteidigen neigt, sollten Sie Nutzen und Risiken abwägen. Sie können auch nicht immer vorhersehen, wie der Artgenosse darauf reagiert.
Belohnen Sie Ihren Hund erst dann mit dem Spielzeug, wenn Sie beide weit genug vom anderen Team entfernt sind.
Beobachten Sie, ob Ihr Hund durch das Spielzeug in eine zu aufgeregte Stimmung gerät. Für eine Notsituation ist das o.k., hier ist es wichtig, dass Sie irgendwie vorbeikommen. Um ruhiges Verhalten und Ansprechbarkeit zu fördern, sollten Sie herausfinden, welches Spielzeug Interesse auslöst, aber den Hund nicht hochpuscht und welcher Umgang damit passend ist: Darf er es tragen, kurz damit spielen?

TOUCH – mit Unterstützung vorbei

Bei dieser Aufgabe richtet der Hund seinen Fokus auf Sie bzw. Ihre Hand, ist ganz dicht bei Ihnen und kann auf diese Weise an einer Problemsituation vorbeigeführt werden.
Für viele aufgeregte, unsichere Hunde ist dieser enge Kontakt ein Zeichen dafür, dass Sie beide zusammengehören und ganz selbstverständlich den Weg gemeinsam gehen.

Übungsaufbau:
Halten Sie Ihre Hand mit etwas Abstand so vor den Hund, dass er sich nur ein klein wenig in ihre Richtung bewegen muss, um sie mit der Nase zu erreichen. In dem Moment, in dem er neugierig daran schnuppert und sie berührt, wird er sofort gelobt und bekommt anschließend eine Belohnung.
Die Aktion muss immer vom Hund ausgehen, drängen Sie ihm Ihre Hand nicht auf. Um das Interesse an Ihrer Hand zu steigern, können Sie diese mit einer schnellen (aber nicht bedrängenden) Bewegung präsentieren oder beim Hinhalten die Finger bewegen. Notfalls reiben Sie für die ersten Trainingsschritte etwas Wurst oder Käse auf die Handfläche, das motiviert ebenfalls. Ein sehr kleiner Hund könnte beim Erlernen der Aufgabe auch einen Stab berühren, damit Sie sich nicht über ihn beugen müssen. Wenn Sie den Stab so in der Hand halten, dass Ihr ausgestreckter Zeigefinder nach unten zeigt, reicht später meist Ihr Fingerzeig aus, um den Hund zu lenken.
Wiederholen Sie diesen Lernschritt, bis der Hund regelmäßig mit seiner Nase Ihre Hand berührt, sobald Sie diese präsentieren. Nun fügen Sie im Moment der Berührung ein verbales Signal hinzu. Nach weiteren Wiederholungen geben Sie dann zuerst das Signal, strecken dabei die Hand aus und loben den Hund, wenn er sie daraufhin anstupst.

Als nächstes lernt der Hund, sich auf diese Weise einige Meter führen zu lassen. Er berührt auf Signal Ihre Hand und Sie bewegen sich nur wenige Schritte. Bleibt er dran, folgt sofort Ihr Lob. Anfangs sollte er dabei ständig direkten Nasen-Handkontakt halten. Sobald das Führen sicher etabliert ist, muss dies nicht unbedingt

ununterbrochen gegeben sein. Er sollte seinen Fokus jedoch weiterhin deutlich auf Ihre Hand richten und ihr mit der Nase folgen.
Verlängern Sie die Strecke, ändern Sie die Laufrichtung (Bögen sind leichter zu gehen, als abrupte Wendungen), variieren Sie das Tempo, führen Sie den Hund an leichten Ablenkungen vorbei.

Futter schlecken

Diese Übung dient dazu, den Hund in einer kritischen Situation völlig auf Sie zu konzentrieren. Sein Interesse gilt dabei allerdings weniger Ihnen selbst, sondern dem präsentierten Futter. Das beschäftigt ihn dermaßen, dass alles andere um ihn herum unwichtig wird. Allerdings sollten Sie den Hund zuvor damit vertraut machen. Wenn Sie es gleich in der Akut-Situation einsetzen, wird er es nicht so gut annehmen können, weil seine Aufregung und Anspannung überwiegen.
Es hilft aber nicht nur in einer Notsituation, sondern eignet sich bei einigen Hunden auch dazu, um Begegnungen langfristig positiv zu belegen.
Sie brauchen ein Futter, das beim Hund hoch im Kurs steht. Gut geeignet sind Futtertuben, die Sie individuell befüllen. Wenn Sie das Futter direkt in der Hand halten, empfehlen sich Kaustreifen oder ein Stück Wurst bzw. Käse.

Führen mit der Hand ist eine sehr unaufgeregte Art, den Hund zu lenken. Üben Sie es zunächst beim Vorbeigehen am Trainingspartner. So bekommen Sie ein Gefühl für den nötigen Abstand, die richtige Geschwindigkeit oder Ihre passende Körperhaltung.

Übungsaufbau:
Nehmen Sie die Futter-Tube bzw. umschließen Sie ein Stück Wurst, Käse, Kaustreifen fest mit der Hand. Zeigen Sie dem Hund die Wurstfaust, ermutigen Sie ihn mit einem Signal, sich das Futter zu nehmen, und lassen Sie ihn kontinuierlich daran schlecken. Wird er dabei zu hektisch, zwickt er Sie oder springt er an Ihnen hoch, brechen Sie ab. Ursache dafür könnte ein zu leckeres Futter sein, zu animierende Bewegungen Ihrerseits oder zu große Anspannung insgesamt. Starten Sie erneut, unter passenderen Bedingungen, bis der Hund ruhig, aber intensiv am Futter leckt.
Hat er das Prinzip begriffen, versuchen Sie es in der Bewegung. Probieren Sie aus, in welcher Hand Sie das Futter am besten halten können, für die meisten ist es die dem Hund zugewandte. Anfangs reichen ein paar Schritte, die der Hund schleckend nebenhergeht. Bleibt er auch jetzt konzentriert dabei, verlängern Sie die Strecke und bauen Bögen bzw. Richtungsänderungen mit ein.

Souverän und zügig umkehren

Der Hund lernt, auf Signal hin mit Ihnen umzukehren und weiterzugehen, möglichst ohne sich nochmals umzuwenden. So können Sie ihn schnellstmöglich aus einer Gefahrensituation lenken, ein Zusammentreffen verhindern oder vermeiden, dass er sich in eine Wahrnehmung hineinsteigert.
Umkehren ist nicht einfach für den Hund und erfordert viel Vertrauen zu Ihnen, besonders wenn er den Artgenossen gerne im Auge behalten will oder diesem nachfolgt.
Üben Sie es deshalb erst einmal auf größere Distanz und geben Sie bei einer Begegnung das Signal sehr frühzeitig. Es braucht viel Übung, bis der Hund dann auch in einer Notsituation, beispielsweise beim plötzlichen Zusammentreffen, direkt vor einem anderen Team umkehren und ruhig mit Ihnen mitgehen kann. Wenn Sie es aber auf diese Weise schaffen, einen Fremdhund zu ignorieren, der Ihnen hinterherläuft, gibt dieser manchmal nach einer Zeit seine Bemühungen auf und wendet sich ab.

Übungsaufbau:
Bewegen Sie sich mit dem angeleinten Hund in einem ablenkungsarmen Gelände. Sagen Sie deutlich seinen Namen und das Umkehr-Signal, z.B. KEHRT, WENDEN. Gleichzeitig wenden Sie und gehen rasch einige Schritte in die entgegengesetzte Richtung. Bereits während der Wendung oder spätestes direkt danach, präsentieren Sie ihm einen besonderen Leckerbissen oder ein beliebtes Spielzeug.
Wiederholen Sie das Abwenden noch zwei oder drei Mal direkt hintereinander und festigen Sie es in den folgenden Tagen, bis der Hund das Prinzip verstanden hat.
Probieren Sie aus, wie viel Dynamik und aufmunternde Gesten Ihr Hund beim Umkehren benötigt bzw. verträgt. Er soll begeistert auf Ihre Aufforderung reagieren, aber nicht außer Kontrolle geraten. Vor allem in Bezug auf spätere Begegnungen sollten Sie nicht allzu dynamisch vorgehen, bzw. die Dynamik wieder reduzieren, damit der andere Hund dadurch nicht animiert wird.
Gewöhnen Sie den Hund daran, dass er nach dem Umkehren noch einige Schritte mit Ihnen weitergeht. Unterstützen Sie ihn dabei mit einer weiteren Anweisung, z.B. TOUCH, der Blickkontakt-Übung oder eventuell auch dem Futterschlecken.

Leinenführigkeit – Können Sie an der Brezel vorbeigehen?

Gehen an lockerer Leine ist eine wichtige Grundlage für entspannte Begegnungen. Dabei geht es nicht nur darum, ob Sie Ihren ziehenden Vierbeiner kräftemäßig noch gut halten können, sondern um die Auswirkungen der gespannten Leine.

Beobachten Sie Ihren Hund einmal genauer, was verändert sich durch das Ziehen? Er gerät körperlich und mental aus dem Gleichgewicht! Er richtet sich auf, hält den Kopf höher und drückt die Brust vor, damit er dem Zug am Halsband/Geschirr standhält oder duckt sich ab, verlagert das Körpergewicht nach vorne, um schneller voranzukommen und sich besser auszubalancieren. Die Muskeln sind angespannt, sein Blick ist nach vorne gerichtet und ab und an verliert er richtig gehend die Bodenhaftung. In dieser Haltung und Stimmung kann er Ihre Anweisungen kaum mehr wahrnehmen und umsetzen oder passend auf die Signale des Artgenossen reagieren.

Zudem beeinflusst die Art und Weise, wie Sie einem anderen Team entgegengehen, auch dessen Reaktion. Ein an der Leine ziehender Vierbeiner löst beim Gegenüber fast automatisch Unbehagen und Verunsicherung aus, während ruhiges Gehen eher Neutralität oder Gelassenheit signalisiert.

Wohlfühlen schaut anders aus! Durch das Ziehen an der Leine gerät der Hund körperlich und mental völlig aus dem Gleichgewicht und kann in dieser Lage auch nicht mehr passend auf die Signale des Artgenossen reagieren

Bei der Leinen-Übung sehen Sie auch, ob Ihr Hund dazu neigt, direkt vor Ihnen zu queren bzw. kurz zu verharren oder dann hinter Ihnen abrupt loszuziehen, um sein angestrebtes Ziel doch noch zu erreichen. Sie lernen, auf seine kleinen Signale zu achten und rechtzeitig zu reagieren.

Eine Anleitung zur Leinenführigkeit ist im Rahmen dieses Buches leider nicht möglich. Es gibt viele gute Ratgeber, die sich eingehend mit diesem Thema beschäftigen.
Eine Übung möchte ich Ihnen aber mit auf den Weg geben.

Lockere Leine trotz Ablenkungen:
In diesem Buch ist häufig die Rede von Richtungsänderungen, von Ausweichen und Vorbeigehen. Probieren Sie doch einmal aus, wie Ihnen beiden dies grundsätzlich gelingt. Können Sie am ausgelegten Brötchen vorbeigehen oder dicht vor der am Boden liegenden Brezel umkehren, und zwar ohne, dass der Hund gezogen oder zurückgehalten werden muss? Wenn es hier noch Schwierigkeiten gibt, dann üben Sie die Leinenführigkeit zunächst mit verschiedensten Ablenkungen. Ändern Sie z.B. die Richtung, wenn Sie auf ein interessantes Spielzeug zugehen, biegen Sie ab, ehe Sie den Komposthaufen oder das Mauseloch erreicht haben. Gehen Sie an Ihrem Partner vorbei, der mit einem leckeren Wurstbrot auf der Bank sitzt usw. Wenden Sie anfangs immer frühzeitig und souverän ab, damit daraus kein Gerangel mit dem Hund entsteht. Loben Sie ihn stets für sein Mitlaufen. Das Abwenden hört sich so einfach an, braucht aber einige Übung. Neben dem passenden Abstand und einer gezielten Anweisung sind oft Kleinigkeiten mitentscheidend fürs Gelingen: Zu welcher Seite wenden Sie? Wie halten Sie die Leine? Auf welchem Bein drehen Sie um? Wie zügig gehen Sie die Schritte nach der Wendung? All diese Punkte lassen sich mit einer »ungefährlichen« Ablenkung wunderbar ausprobieren und üben.

Vielleicht argumentieren Sie nun, dass ein Artgenosse etwas völlig anderes ist. Das stimmt. Wenn Sie aber bereits bei der Brezel oder dem Spielzeug so Ihre Schwierigkeiten haben und nur mit Aufregung oder mehreren Anweisungen daran vorbeigehen können, wird es bei Begegnungen mit Artgenossen sicher nicht einfacher. Gelingt die Leinenführigkeit trotz unterschiedlichster Ablenkungen immer besser, können Sie im nächsten Übungsschritt anstatt der Brezel, einen besonders ruhigen Übungshund platzieren.

Grenzen setzen!?

Wer kennt sie nicht, die Aussagen: »Du musst ihm jetzt endlich mal zeigen, dass es so nicht geht« oder »Setz ihm klare Grenzen, bei mir dürfte er sich nicht so verhalten!«
Aber wie geht das mit dem Grenzensetzen? Sie möchten Ihrem Hund ja gerne mitteilen, dass es unerwünscht ist, wenn er bellt, in die Leine springt und Ihre Anweisungen völlig missachtet.

Wie hilfreich sind Abbruch-Signale?

Ein Abbruch-Signal soll dem Hund mitteilen: »Hör auf mit dem, was du gerade tust!« Häufig werden dazu Worte wie NEIN, LASS ES, PFUI oder bestimmte Zischgeräusche verwendet. Manchmal wird auch mit Schreckreizen oder körperlichem Eingreifen gearbeitet. Aber warum wirkt ein solches Abbruch-Signal bei Begegnungen oftmals nicht so wie gewünscht?

Das eingeübte Abbruch-Signal: Nehmen wir einmal an, Sie haben das NEIN mit Leckerchen eingeübt, die Sie für TABU erklären. Sie legen das Futter auf den Boden, sagen NEIN, sobald sich der Hund dafür interessiert, und loben ihn, wenn er sich daraufhin abwendet.

Aber: »Futter im Wohnzimmer liegen lassen« und »aufhören zu bellen oder in die Leine zu springen bei Begegnungen« sind für den Hund völlig unterschiedliche Handlungen. Dazu kommt, dass die Stimmung daheim wahrscheinlich recht entspannt ist, das Leckerchen duftet zwar verführerisch, sendet aber sonst keine weiteren Signale. Bei einer Begegnung ist der Hund deutlich aufgeregter, es gibt viele zusätzliche Reize, wie das Umfeld, Ihre eigene Anspannung oder die Reaktionen der anderen.
Der Hund muss erst begreifen, dass das erlernte Abbruch-Signal bei unterschiedlichen Handlungen und in verschiedenen Situationen gilt. Vergleichen Sie es mit anderen Fertigkeiten, die Sie ihm beibringen, z.B. Gehen an lockerer Leine. Sie beginnen damit im ruhigen Umfeld und erwarten (hoffentlich) nicht, dass der Hund das Gelernte sofort auch auf dem Gang über den belebten Markplatz zeigt, sondern erarbeiten das mit ihm in Etappen. Sie steigern die Ablenkungen, wechseln das Gelände, üben zu verschiedenen Tageszeiten und in unterschiedlichen Stimmungen.
Wenn NEIN, LASS ES, HEY als Abbruch-Signale auch bei Begegnungen wirken sollen, müssen Sie diese genauso kleinschrittig aufbauen. Im ersten Schritt beispielsweise, wenn der Hund nur minimal erregt ist und gerade damit beginnt, dem Gegenüber mehr Beachtung zu schenken. Loben Sie ihn umgehend, wenn er auf das Signal reagiert. Denken Sie daran: NEIN bedeutet aufhören, der Hund weiß damit nicht automatisch, wie er grundsätzlich entspannter mit Begegnungen umgehen kann. Er benötigt deshalb direkt im Anschluss eine Anleitung, um sich richtig zu verhalten.

Unterbrechen durch kurzes, körperliches Eingreifen wie Anstupsen o.ä.: Begründet wird dieses Vorgehen oftmals mit dem Verhalten der Hunde untereinander. Diese nutzen durchaus Abbruch-Signale, um einem Artgenossen zu signalisieren LASS DAS und handeln dabei sehr gradlinig und auch körperlich.
Wir sind aber keine Hunde und können ihr Verhalten und ihre Kommunikation nur selten so exakt anwenden, wie sie es tun. Zudem ist das Abschnappen, welches meist als Beispiel für körperliches Eingreifen wie Anstupsen, Wegschubsen oder In-die-Flanken-Greifen angeführt wird, unter Hunden nicht immer das Mittel der Wahl. Sie haben viele kleine Signale für LASS DAS: ein Seitenblick, ein kaum merkliches Anspannen der Muskulatur oder eine bestimmte Positionierung zum anderen.

Benötigen Sie tatsächlich in jeder Situation ein Abbruch-Signal? Es vermittelt zwar ein Gefühl der Kontrolle, wenn Sie das unerwünschte Verhalten abbrechen können, lenkt jedoch die Aufmerksamkeit sehr darauf, was der Hund nicht machen soll. Außerdem gelingt dieser Abbruch eben häufig nicht so wie gewünscht.
Viele Teams kommen besser zurecht, wenn der Fokus gleich auf dem Richtig-Machen liegt, d.h. der Hund erhält rechtzeitig das Signal für ein Alternativ-Verhalten, für dessen Ausführung er dann belohnt wird. Denn im Prinzip unterbricht jedes Verhalten, welches der Hund auf Anweisung zeigt, das vorhergehende – auch ohne extra Abbruch-Signal.

Sie greifen zum für uns deutlich erkennbaren NEIN = Abschnappen meist nur dann, wenn ihre vorausgegangenen Signale nicht beachtet wurden. Aber was geht ihrem Wegschubsen voraus? Korrekterweise müssten Sie dann auch die feine Kommunikation übernehmen, die dem Abschnappen vorangeht.
Achtung: Wenn der Hund bereits wie in einem Tunnel völlig fixiert auf den Artgenossen ist, erschreckt ihn Ihr körperliches Eingreifen unter Umständen so sehr, dass er mit einer Abwehrbewegung auch nach Ihnen schnappt.

Unterstützung statt Strafe

Strafe ahndet das Fehlverhalten des Hundes. Durch körperliches Maßregeln, Erschrecken, Schimpfen o.ä. soll er sein unerwünschtes Verhalten abbrechen und möglichst auch in Zukunft nicht mehr zeigen. Und tatsächlich lassen sich einige Hunde davon recht schnell beeindrucken, vor allem, wenn Timing und Intensität des Eingreifens hervorragend aufeinander abgestimmt sind. Das Problem scheint gelöst. Nach kurzer Zeit jedoch zeigen sich die ABER und demonstrieren mehr oder weniger deutlich, dass dieser Weg doch nicht so optimal ist.
Um strafend einzugreifen, muss der Hund das unerwünschte Verhalten zumindest ansatzweise ausführen. In meinen Augen ist es unfair, den Hund »ins Messer« laufen zu lassen, um ihm dann mitzuteilen, dass es so nicht geht. Zudem besteht das Risiko, ihn eben doch nicht ausreichend genug hemmen zu können.
Zum Zeitpunkt der Strafe ist der Hund bereits gestresst, verunsichert und angespannt. Ein Strafreiz verstärkt diese Empfindungen und unter Umständen verknüpft er die Strafe auch mit dem Auftauchen des Artgenossen, der Örtlichkeit oder den anwesenden Personen. Das kann dazu führen, dass er bei weiteren Begegnungen immer aufgeregter und angespannter reagiert.
Strafe verändert die dahinterliegenden Beweggründe nicht. Sie unterdrückt das unerwünschte Verhalten mehr oder weniger und doch zeigt es sich immer wieder, oft mit ungeahnter Heftigkeit, irgendwo müssen Anspannung und Aufregung ja hin. Stellen Sie sich vor, es ginge um Ihre Aufregung oder übersteigerten Reaktionen. Wenn Sie jedes Mal nachdrücklich zum Unterlassen aufgefordert werden, dämpfen Sie vermutlich mit der Zeit Ihre Ausbrüche. Sie wissen aber immer noch nicht, wie Sie mit der Aufruhr in Ihrem Inneren umgehen sollen oder wie Sie es schaffen, sich erst gar nicht aufzuregen.

Das reaktive Verhalten, so unangenehm und stressig es auch sein kann, braucht keine Strafen. Ihr Hund lernt dadurch nicht, wie er sich besser verhalten kann. Lassen Sie sich nicht zu Maßnahmen verführen, die Sie für sich und Ihren Hund ablehnen. Verabschieden Sie sich von dem Gedanken, dass der Hund durch sein Verhalten seine Dominanz demonstrieren oder Ihre Anweisungen bewusst missachten möchte. Denken Sie vielmehr daran, dass er im Moment mit Begegnungen einfach nicht klarkommt und diese Reaktionen zeigt, weil ihm andere Strategien fehlen.
Sie dürfen und müssen ihm vorgeben, wie er sich verhalten soll. Das erleichtert das Zusammenleben und sorgt dafür, dass niemand zu Schaden kommt. Nutzen Sie das Wissen über das Lernverhalten der Hunde. Bringen Sie Ihrem Hund auf eine für ihn nachvollziehbare Art und Weise bei, wie er sich richtig verhalten soll: **Der Aufbau von erwünschtem Verhalten ersetzt das Unterdrücken von unerwünschtem Verhalten.**

Spaziergang – ganz praktisch

Viele Halter eines reaktiven Hundes sehen dem Spaziergang eher mit Anspannung als mit Gelassenheit entgegen und versuchen tagtäglich, den Bedürfnissen aller gerecht zu werden. Sie möchten schöne Momente mit dem Hund erleben und dieser braucht ausreichend Gelegenheit, sich zu lösen, zu bewegen und die Umwelt zu erkunden. Dabei sollen Mensch und Hund möglichst nicht in Situationen geraten, die überfordern, um unerwünschtes Verhalten zu vermeiden. Dennoch ist es wünschenswert, Lernmomente einzubauen, damit ruhiges Vorbeigehen geübt und gefestigt werden kann. Sie selbst sollen vorausschauend unterwegs sein, dabei aber ganz gelassen wirken und auftretende Schwierigkeiten ohne Hektik meistern.

Es gibt kein verbindliches Muster, wie ein idealer Spaziergang auszusehen hat. Der Weg entsteht oft erst beim Gehen. Am wichtigsten ist es, dass sich Hund und Mensch wohl und der Situation gewachsen fühlen.
Lassen Sie sich nicht verunsichern durch Hinweisen wie: »Stellen Sie sich der Herausforderung.« oder »Da muss der Hund jetzt mal durch, sonst lernt er das nie.« Sie und Ihr Hund müssen da nicht durch! Sicher gibt es unerwartete Momente, die Sie jetzt einfach bewältigen müssen und manchmal muss man sich auch etwas mehr zutrauen – aber mit Maß und Ziel. Wenn Sie ständig in Situationen geraten, die Sie nicht meistern können, machen Sie es sich unnötig schwer. Die immer wiederkehrende Anspannung und Verunsicherung trägt nicht zu Ihrer beider Wohlbefinden bei und positive Lernerfahrungen sind kaum möglich.

- Stimmen Sie Strecke, Dauer und Häufigkeit des Spaziergangs auf die Tagesform und den Ausbildungsstand ab. Sie drücken sich damit weder vor dem Üben, noch ignorieren Sie die Probleme, sondern gehen die Sache überlegt an.
- Üben Sie Begegnungen gezielt dann, wenn Sie beide gut drauf und die Bedingungen günstig sind.
- Bleiben Sie im »ungefährlichen« Umfeld, wenn heute einfach mal kein guter Tag ist. Sollte Ihnen dennoch zum Üben zumute sein, trainieren Sie Aufgaben, bei denen keine Begegnungen nötig sind.
- Und – der Spaziergang besteht nicht nur aus Begegnungen. Nehmen Sie sich Zeit, um die Umwelt mit allen Sinnen wahrzunehmen, für Pausen und für Aktivitäten, die Hund und Mensch Spaß machen.

Wann, wo und wie lange?

Sie kennen Ihre Umgebung und wissen, zu welchen Zeiten beispielsweise vermehrt andere Hundehalter unterwegs sind, hinter welchem Gartenzaun ein Artgenosse wohnt, auf welchen Strecken grundsätzlich viel Ablenkung herrscht oder Sie fast allein unterwegs sind. Denken Sie dabei auch an Wege, die kaum Ausweichmöglichkeiten zulassen, weil sie direkt am Fluss entlangführen, von steilen Böschungen gesäumt sind oder zwischen Feldern verlaufen, die Sie nicht betreten dürfen.
Entscheiden Sie von Tag zu Tag neu, welche Bedingungen Sie heute brauchen und ob bzw. wie viele Begegnungen Sie sich zutrauen. Natürlich lässt sich nicht alles planen. Auch in Gebieten, in denen sonst eigentlich niemand unterwegs ist, können Sie auf andere treffen und in dem weitläufigen Park, in dem Sie so gerne Begegnungen auf große Entfernung geübt hätten, ist heute kein Hund-Halter-Gespann zu sehen.

Ein erster Schritt zu entspannterem Verhalten: Gestalten Sie den Spaziergang mit all seinen Ereignissen und Begegnungen so, dass die unerwünschten Reaktionen, die bisher vielleicht sogar täglich aufgetreten sind, nicht mehr oder zumindest kaum mehr gezeigt werden müssen. Gehen Sie zu Beginn des Umlernens überwiegend auf Strecken spazieren, die viel Handlungsspielraum gewähren. In einem übersichtlichen Gelände bemerken Sie Herannahende rechtzeitig und können ohne Stress entscheiden, wie Sie beide jetzt damit umgehen. Sie haben genügend Raum, um dem Zusammentreffen aus dem Weg zu gehen oder beim Vorbeigehen die Strategie anzuwenden, die gerade angemessen ist.

Auf wenig frequentierten Strecken können Hund und Mensch nach einer Begegnung kurz durchatmen, sie treffen mit großer Wahrscheinlichkeit nicht direkt wieder auf ein weiteres Team.
Falls Sie auf Grund der Wohnsituation gleich mit Begegnungen rechnen oder auf dem Weg zum Auslaufgebiet erst einmal durch schmale Gassen gehen müssen, empfiehlt es sich, ein Stück mit dem Auto ins Grüne zu fahren. Fällt der Stressfaktor beim Aus-dem-Haus-Gehen weg, starten Sie beide viel entspannter in den Spaziergang. Vielleicht können und möchten Sie nicht auf Dauer so überlegt unterwegs sein, für den Anfang aber schafft das eine gute Basis, auf der Sie dann weiter aufbauen.

Wenn heute etwas mehr möglich ist, wählen Sie neue Wege, nehmen eine unübersichtliche Strecke mit dazu oder üben gezielt Begegnungen in machbarem Umfeld. Nicht alles gleichzeitig und auch nicht für die gesamte Spaziergehdauer, denn ein kleiner Rest Aufregung bleibt fast immer bestehen, der sich dann summiert. Anfangs reichen vielleicht ein oder zwei gut gemeisterte Herausforderungen, danach wenden Sie sich wieder ruhigeren Wegen zu. Wenn Sie beide nach einer Erholungszeit wieder belastbar sind, können Sie im Verlauf des Spaziergangs eine weitere Aufgabe in Angriff nehmen.

Engstellen, unübersichtliche Streckenabschnitte oder Wege ohne Ausweichmöglichkeit kosten viele Hundehalter einiges an Überwindung. Machen Sie es sich auch hier so einfach wie möglich: Beginnen Sie mit einer Biegung, einer kleinen Gasse und dies zu einem Zeitpunkt, an dem erfahrungsgemäß mit wenig Begegnungen zu rechnen ist. Wenn Sie in Begleitung oder mit einem Trainingspartner unterwegs sind, könnte

Entscheiden Sie je nach Tagesform, was heute machbar ist.

dieser vorausgehen und Sie bei Bedarf etwas abschirmen. Achten Sie aber darauf, dass alles ganz selbstverständlich geschieht. Wenn Sie - übertrieben gesagt - vor jeder Biegung die Luft anhalten, die Wegstrecke schneller und angespannter zurücklegen und anschließend erleichtert aufatmen, ist das zwar verständlich, für Ihren Hund jedoch ein Alarmzeichen.

Dauer des Spaziergangs: Ich halte die reine Streckenlänge für nicht so maßgeblich, entscheidend für mich ist das, was unterwegs passiert.
Orientieren Sie sich an den Bedürfnissen Ihres Hundes, Ihrer Alltagsorganisation und in großem Maße daran, wie gut der Hund mit den Umweltreizen zurechtkommt und welche Herausforderungen der Spazierweg bereithält. Der bewegungsfreudige, erwachsene Vierbeiner hat andere Ansprüche an Strecke und Tempo, als ein Hundesenior oder Junghund. Ein stressanfälliger Vierbeiner kann in ruhigem Umfeld vielleicht sehr lange unterwegs sein, die gleichmäßige Bewegung oder eine ruhige Beschäftigungsaufgabe zwischendurch tun ihm gut. Er kommt jedoch schnell an seine Grenzen, sobald mehrere Begegnungen oder andere aufregende Reize bewältigt werden müssen.
Planen Sie auf alle Fälle genügend Zeit ein. Eventuell brauchen Sie nach aufregenden Erlebnissen erst einmal eine Pause oder ein paar Meter Umweg in ruhiger Umgebung.
Vielleicht entscheiden Sie sich spontan für eine längere Strecke, einfach weil Ihnen beiden das gerade guttut, oder Sie nehmen einen anderen Weg, weil der ursprünglich geplante überraschend stark frequentiert ist. Falls Sie Termindruck haben, wählen Sie besser von vornherein eine kurze bzw. möglichst ereignisarme Strecke. Ein Zeitpuffer lässt Raum dafür, dass sich der Hund mit den normalen Reizen und Ereignissen eines Spaziergangs in Ruhe auseinandersetzen darf. Dann kann er auch wieder gelassen mit Ihnen weitergehen - eine gute Ausgangslage für eventuell folgende Begegnungen.

Sicher unterwegs

Derjenige, der den Hund an der Leine führt, hat in diesem Moment die Aufsichtspflicht und muss in der Lage sein, ihn so zu beeinflussen, dass niemand zu Schaden kommt. Wenn der Hund andere bedrängt, weil er nicht gehalten werden kann oder unerwünschtes Verhalten zeigt, da die Situation falsch eingeschätzt wird, hat dies meist negative Folgen. Diese reichen von Lernrückschritten und verärgerten Passanten bis hin zu behördlichen Auflagen.
Klären Sie deshalb mit allen Beteiligten realistisch ab, wer mit dem Hund unterwegs sein kann. Kinder dürfen laut Straßenverkehrsordnung erst ab 14 Jahren einen Hund im öffentlichen Raum alleine an der Leine führen. Sie müssen die Aufgabe körperlich und geistig bewältigen können.
Entscheiden Sie sich im Notfall lieber für kürzere oder weniger häufige Spaziergänge, aber dafür mit Personen, die dem Hund Sicherheit vermitteln, ihn lenken und bei Bedarf vor wohlmeinenden Mitmenschen und aufdringlichen Artgenossen schützen. Es ist niemandem geholfen, wenn er mit Menschen spazieren geht, die ihn zwar gern haben, aber der Situation nicht gewachsen sind.
Natürlich müssen Sie im Falle von reduzierten Spaziergängen auf andere Weise für die nötige Bewegung und Auslastung sorgen. Beispiels-

weise durch Beschäftigungs-Aufgaben daheim, Freilauf in sicherem Gelände oder Ausbildung, Sport in geeignetem Rahmen. Sollten die Einschränkungen länger andauern ist es ratsam, eine dem Hund vertraute Person (Familienkreis, Nachbarschaft oder anderer Hundehalter) mit ins Boot zu holen. Die Gassi-Geher müssen Ihr volles Vertrauen besitzen, gewaltfrei arbeiten und ins Training mit einbezogen werden.

Den Hund führen und festhalten

Auch beim kompetenten Hundehalter kommt ab und an die Sorge auf, den Hund nicht ausreichend festhalten zu können. Vor allem dann, wenn es sich um einen größeren und kräftigen Vierbeiner handelt.
Es gibt keine hundertprozentige Sicherheit, aber einige Faktoren, die dazu beitragen können:

Hilfreich ist alles, was Ihrer Stabilität dient und dazu beiträgt, dass Sie mit einem guten Gefühl unterwegs sind. Sie müssen sich nicht rechtfertigen, wenn Sie in bestimmten Momenten einer Begegnung weiträumig ausweichen oder anstatt des rutschigen, schmalen Fußwegs den Umweg über die befestige Straße nehmen. Vielleicht gibt es Ihnen Sicherheit, wenn Sie in Begleitung einer Vertrauensperson sind, die notfalls den Hund festhält, Sie ein wenig von anderen abschirmt oder diese auf Abstand hält. Denken Sie auch praktisch: Achten Sie auf geeignetes Schuhwerk, das selbst auf unbefestigtem Untergrund sicheren Halt bietet, und eine Leine, die Ihnen nicht aus den Händen gleitet.
Noch ein Tipp: Trainieren Sie Ihre Standfestigkeit und Balance. Es gibt im Sportbereich viele Übungen, die Ihnen dabei helfen, mehr Stabilität zu gewinnen, einen sicheren Stand auf unterschiedlichem Untergrund zu finden und im Gleichgewicht zu bleiben.

Orientieren Sie sich bezüglich der Leinenlänge an den Bedürfnissen und der Dynamik Ihres Hundes sowie den örtlichen Gegebenheiten. Ein größerer Leinenspielraum ist zwar schön für den Hund, aber nicht ratsam, falls Sie dadurch sich oder andere in Schwierigkeiten bringen, weil das Kräfteverhältnis zu ungleich oder die Leine einfach zu lang ist für ein geschicktes Handling. In belebtem oder unübersichtlichem Gebiet rate ich zu einer Leinenlänge bis zu ca. 2 Meter. Ansonsten sind 2–5 Meter eine meist noch gut handelbare Länge, die dem Hund ausreichend Bewegungsfreiraum lässt. Eine längere Schleppleine eignet sich für überschaubares Gelände, in dem keine größeren Störungen zu erwarten sind. Verwenden Sie diese nur in Verbindung mit einem Geschirr und testen Sie, wie lang sie sein darf, damit Sie den Hund notfalls noch festhalten können.

Um den Hund gut festhalten zu können, fassen Sie die Leine mit beiden Händen. Diese halten Sie dicht vor sich, in etwa auf Höhe Ihres Bauches. Dadurch wahren Sie Ihr Gleichgewicht und haben eine relativ entspannte und aufrechte Körperhaltung.
Eine andere Möglichkeit, die einigen Hundehaltern mehr Sicherheit gibt: Führen Sie die Leine hinter Ihrem Rücken, etwa in Höhe des unteren Rückens bzw. Gesäßes. Halten Sie diese dann z.B. mit der rechten Hand, falls der Hund links von Ihnen geht. So können Sie ihn notfalls mit Ihrem ganzen Körpergewicht ausbremsen. Die Leine sollte möglichst kurz sein, damit der Hund nicht allzu viel Schwung holen kann zum Losstarten.

Probieren Sie aus, ob es sich für Sie sicherer anfühlt, wenn der Hund sowohl an Halsband als auch am Geschirr geführt wird. Eventuell können Sie ihn auch besser lenken und halten, wenn die Leine an zwei Stellen des Geschirrs eingehakt ist: auf dem Rücken und an der Brust.

Wenn Sie bewusst direkt ins Geschirr bzw. Halsband greifen möchten oder in einer Notsituation reflexartig dazu neigen, dann gewöhnen Sie den Hund am besten zuvor in Ruhe daran. Einige Hundepersönlichkeiten schätzen es in keiner Weise, wenn nach ihnen gegriffen wird, während sie sich in erregtem Zustand befinden. Verwenden Sie dazu ein entsprechendes Signal, greifen ruhig ins Halsband bzw. Geschirr und halten kurz fest. Fürs Stillhalten wird der Hund natürlich gelobt.

Leinenhaltung und Führung müssen Ihnen ein sicheres Gefühl geben. Die Hundehalterin führt beim Bergabgehen die Leine hinter ihrem Rücken und kann so den Hund besser kontrollieren. Sie geht dabei sehr geschickt vor und hält ihn nicht ausschließlich durch die Leine, sondern gibt ihm durch TOUCH eine weitere Hilfestellung.

Die passende Ausrüstung

Die Frage nach Geschirr oder Halsband lässt sich nur individuell beantworten. Mit beiden kann der Hund gut geführt werden.
Wichtig ist, dass sich der Hund mit der gewählten Führhilfe wohlfühlt. Sie darf ihn weder in der Bewegung, noch beim Atmen einengen oder beeinträchtigen. Er sollte ausbalanciert gehen und sich entspannt bewegen können. Verzichten Sie auf Geschirre oder Halsbänder, die aufgrund von Druck oder starkem Zug dazu führen sollen, dass der Hund gestoppt bzw. besser gehalten werden kann. Ein Beispiel dafür ist ein sehr dünnes Halsband, das ganz oben am Hundehals, direkt unter den Ohren, angelegt wird und bei Zug auf sehr empfindliche Stellen drückt. Genannt werden können hier auch Geschirre, die sich stark zusammenziehen oder unter den Achseln kneifen, sobald der Hund zieht.
Ein weiterer wichtiger Aspekt ist die Sicherheit. Einigen Hunden gelingt es, sich auch aus einem eigentlich gut sitzenden Geschirr herauszuwinden, wenn sie erregt oder verängstigt sind. Nutzen Sie in diesem Fall ein Sicherheitsgeschirr oder kombinieren Sie das normale Geschirr mit einem Halsband. Die Leine wird dann in Geschirr und Halsband eingehakt, wobei der Hund überwiegend über die Geschirr-Leine geführt wird.
Die Beschaffenheit der Leine ist Geschmacksache, sofern die Stabilität von Leinenmaterial und Karabiner gewährleistet ist und sie Ihnen gut in der Hand liegt. Überdimensionierte Karabiner und superdicke Leinen behindern jedoch eher.

Ob ein Maulkorb erforderlich ist, hängt davon ab, wie ausgeprägt das Problem ist und auch ein wenig von der Wohnsituation. Falls es bereits Vorkommnisse gab, kann das Tragen eines Maulkorbs und die permanente Sicherung durch die Leine eine behördliche Anordnung sein.
Manche Hundehalter entscheiden sich auch ohne Anordnung für einen Maulkorb, weil er eine gewisse Sicherheit bedeutet und sie dadurch entspannter unterwegs sind. Der Hund kann auch damit den anderen Artgenossen noch verletzen, ihm beispielsweise einen Bluterguss zufügen, aber nicht zubeißen. Oftmals hält ein Maulkorb die Entgegenkommenden automatisch auf Abstand, allerdings müssen Sie sich auch auf entsprechende Kommentare einstellen.
Achten Sie bei der Auswahl auf eine gute Passform (der Hund muss frei atmen, hecheln und trinken können), gepolsterte Ränder und einen leicht zu bedienenden Verschluss.
Gut geeignet sind Maulkörbe aus Metall oder Plastik. Bei Letzteren kann seitlich oder vorne eine Strebe herausgeschnitten werden, dies erleichtert das Durchstecken von Futter.
Ungeeignet für Spaziergänge sind Maulschlaufen aus Nylon. Wenn sie gut sitzen, d.h. ein Zubeißen verhindern, kann der Hund damit weder richtig hecheln, noch Wasser aufnehmen. Sie sind eher für kurze Tragedauer gedacht, z.B. während medizinischer Behandlungen. Gewöhnen Sie den Hund in Ruhe und schrittweise an das Tagen des Maulkorbs, ehe Sie ihn beim Spaziergang nutzen.

Rituale für mehr Ruhe und Sicherheit

Hunde sind wahre Meister darin, Wahrnehmungen miteinander zu verknüpfen. Wenn sie einmal eine Verhaltenskette hergestellt haben, bleibt diese meist sehr lange im Gedächtnis. Machen Sie sich diese Fähigkeit zunutze und etablieren Sie Regeln. Anfangs benötigt der Hund eine Anleitung, um zu verstehen, was Sie von ihm erwarten. Durch immer gleiches Vorgehen wird die Regel im Laufe der Zeit zur Selbstverständlichkeit. Loben Sie den Vierbeiner für seine Mitarbeit, auch dann, wenn alles schon fast automatisch gelingt.

Unterwegs mit dem Trainingspartner: Sie gehen aneinander vorbei oder nebeneinander und halten dabei den Abstand, der nötig ist, damit Ihr Hund gelassen weitergehen kann.

Oder Sie bleiben in machbarer Distanz zum anderen Team stehen und loben ihn, wenn er ruhig bleibt.

Beenden Sie den Spaziergang immer in ruhiger Stimmung. Notfalls vergrößern Sie gegen Ende die Distanz zum anderen Team so weit, dass sich Ihr Hund wieder beruhigen und entspannt mitlaufen kann. Nach aufregenden Fremd-Begegnungen gehen Sie gemeinsam mit dem Trainingspartner noch eine kleine Runde in ruhiger Umgebung.

Begegnungen meistern – Von geplant bis »darauf könnten Sie verzichten«

Begegnungen gehören zum Alltag. Das reicht vom Hund-Halter-Gespann, welches im Wohngebiet auf Straßenbreite entgegenkommt oder unvermutet um die Ecke biegt, bis hin zum Hundehalter, der seinen Vierbeiner ungefragt zu Ihrem Hund laufen lässt.
Es gibt nicht den perfekten Einsatzplan für jede Situation, nutzen Sie die Strategien Ihrer gut gefüllten Werkzeugkiste situationsbedingt. Manchmal werden Sie den »geordneten Rückzug« antreten, ein anderes Mal entschärfen Sie die Situation durch eine geschickte Wegführung oder das Abrufen eines Alternativverhaltens. Je mehr Sie sich mit den unterschiedlichen Zusammentreffen vertraut machen – nicht sorgenvoll, sondern lösungsorientiert – umso souveräner können Sie den Hund durch die Situation lenken und ihm so die Überzeugung vermitteln: Ein anderer Hund – ja und ...? Vertraue mir, ich weiß, was wir jetzt tun. Stellen Sie sich dabei Ihr Vorgehen ruhig bildlich vor, das erleichtert oftmals das praktische Handeln.

Sicher gelingt nicht alles immer zur vollsten Zufriedenheit. Wenn sich im Nachhinein ergibt, dass eine andere Strategie günstiger wäre, berücksichtigen Sie dieses eben beim nächsten Mal.

Schützen Sie sich und Ihren Hund vor wohlmeinenden oder gar übergriffigen Mitmenschen. Es wird immer jemanden geben, der es besser weiß und Sie mit Ratschlägen eindeckt. Vermeiden Sie Diskussionen, sie tun weder dem Hund, noch Ihnen gut. Lassen Sie sich auch nicht auf Versuche ein, wie »Wir leinen die Hunde jetzt einfach ab« oder »Die müssen sich nur mal Guten Tag sagen«, um auszutesten, was möglich wäre. Sie entscheiden über Ihr Vorgehen. Das müssen Sie anderen gegenüber weder begründen, noch rechtfertigen.
Wenn Sie keinen Kontakt möchten, dann nehmen Sie Hinweise unkommentiert zur Kenntnis und setzen mit einem kurzen Gruß Ihren Weg fort. Sprechen Sie dabei den Hund leise an und fordern ihn zum Mitkommen auf. Unterstützen Sie ihn dabei mit einer Handbewegung, Ihrer selbstbewussten Körperhaltung und notfalls auch mit einem Leckerchen. Ich nenne meinen Hund in solchen Momenten meist mit seinem Kosenamen, das nimmt uns beiden die Anspannung, gibt uns ein Zusammengehörigkeitsgefühlt und bedeutet: Dieser Mensch ist seltsam, aber wir können es nicht ändern, deshalb lassen wir ihn einfach stehen und kümmern uns um unser Wohlbefinden.
Wenn es sinnvoll erscheint und den Hund nicht belastet, können Sie natürlich auch das Gespräch suchen. Halten Sie dabei immer einen ausreichenden Abstand, Ihr Hund darf sich nicht bedrängt fühlen. Beenden Sie es sofort, sobald Anspannung aufkommt.

Fürsorge für den Hund: Er ist durch Leine und eventuell auch einen Maulkorb gesichert, kann sich der Situation nur begrenzt entziehen und auf Ihre Umsicht und Ihren Schutz angewiesen. Weichen Sie deshalb lieber zu früh oder auch einmal unnötigerweise aus und nehmen Sie ihn zügig aus Situationen, die ihn belasten.

Kontrollierte Bedingungen zum Lernen

Damit Hund und Mensch gelassener werden und Zutrauen in die eigenen Fähigkeiten bekommen, braucht es möglichst viele, gut verlaufende Begegnungen. Ein weiterer Schritt nach Trainingsstunden oder Spaziergängen mit ausgewählten Partnern sind deshalb Begegnungen in einem Umfeld, in dem Sie so weit wie möglich vor Überraschungen sicher sind und große Handlungsfreiheit haben. Gute Voraussetzungen hierfür finden Sie in öffentlichen Grünanlagen, in denen die Hunde überwiegend angeleint ausgeführt werden, manchmal auch in der Nähe zu Hundeausläufen oder Übungsplätzen. Ebenso geeignet sind Industriegebiete oder Wohnviertel mit breiten Straßen, einem verzweigten Wegenetz zum Ausweichen und wenig Autoverkehr.

Nutzen Sie diese Begegnungen, um erlernte Strategien praktisch anzuwenden, bei Bedarf etwas anzupassen und immer sicherer in der Ausführung zu werden. Das schafft eine gute Basis für die »ganz normalen« Begegnungen im Alltag.

Auch die Kommunikation mit dem Hund lässt sich bei diesen Begegnungen gut ausprobieren und verfeinern. Sie bemerken, wie viel Ruhe oder Dynamik gerade angebracht ist, wann Sie noch zu unruhig agieren und welche Anweisungen wirklich nötig sind.

Für mich steht der Umgang mit einem reaktiven Hund unter dem Motto: So deutlich wie nötig, aber so unspektakulär wie möglich. Zu 90 % bevorzuge ich ruhige Signale und Handlungen, die unaufgeregt ablaufen und entspanntes Verhalten fördern. Wenn der Hund jedes Mal durch Signale und Aktionen hochgepuscht würde, könnte er Begegnungen weiterhin als aufregend empfinden. In manchen Momenten allerdings braucht es etwas mehr Dynamik, weil Sie beispielsweise rasch die Aufmerksamkeit Ihres Hundes benötigen oder schnell mit ihm ausweichen möchten. Versuchen Sie dann motivierend, aber dennoch eindeutig zu kommunizieren.

Meist jedoch sind es gerade die kleinen Gesten und die leisen Töne, die mit dazu beitragen, eine Situation zu entschärfen oder ihr erst gar nicht so viel Gewicht zu verleihen.

- Signale, die Ihre Gelassenheit zum Ausdruck bringen: entspannt weitergehen, Leine sicher (aber nicht krampfhaft) in beiden Händen halten. Auf einige Hunde hat es eine beruhigende Wirkung, wenn Sie Ihr Gegenüber freundlich grüßen.
- Kleine Gesten, welche die Aufmerksamkeit des Hundes auf Sie lenken, ohne hektisch zu wirken: räuspern, sich abwenden vom Gegenüber, den Hund sanft ansprechen.
- Auch eine konkrete Anweisung und ein aktives Handeln Ihrerseits kann leise, aber bestimmt und überzeugend erfolgen.

Jede gut gemeisterte Begegnung gibt Sicherheit und stärkt das Zutrauen in die eigenen Fähigkeiten. Wenn Sie hierfür zunächst besondere Bedingungen brauchen, ist das völlig in Ordnung

Unvermutete Begegnungen

Trotz vorausschauendem Verhalten und überlegt ausgewählten Wegstrecken lassen sich »plötzliche« Zusammentreffen nicht gänzlich vermeiden. Das Problem dabei ist nicht das andere Team als solches, sondern dass Ihnen die Vorbereitung fehlt und die Begegnung meist auch noch an ungünstiger Stelle stattfindet. Das verunsichert und Sie brauchen oft einen Moment, um die Lage zu sortieren, ehe Sie reagieren. Versuchen Sie die Verzögerung so kurz wie möglich zu halten, indem Sie sich gedanklich auf derartige Situationen vorbereiten.

Beispiele:
Sie sehen bereits aus großer Entfernung, dass auf dem einsamen Feldweg ein anderes Team entgegenkommt. Worauf achten Sie: Wie lange befindet sich der Hund im grün-gelben Stimmungsbereich und erlaubt ein Geradeaus-Weitergehen? Zu welchem Zeitpunkt braucht Ihr Hund Anleitung, damit er sich nicht »fest starrt«? Welche Strategie wählen Sie am besten: Erlaubt das Gelände ein Ausweichen, ist es besser ein paar Meter zur Seite zu gehen und den anderen passieren zu lassen? Welche Unterstützung benötigt Ihr Hund jeweils?

Oder an welchen Ecken und Engstellen Ihrer Spazierwege wäre derzeit ein Zusammentreffen noch schwierig? Könnten Sie dies etwas umgehen, indem Sie die Straßenseite wechseln, einen größeren Bogen gehen? Wohin wenden Sie im Notfall? Ist es möglich, umzudrehen und den Weg zurückzugehen?

Manchmal reagieren Hunde erstaunlich ruhig auf überraschend auftauchende Artgenossen. Versuchen Sie dann ebenfalls gelassen zu bleiben. Es wäre schade, wenn der Hund durch Ihre Anspannung aktiviert würde. Setzen Sie Ihren Weg fort, mit ruhigen Schritten, aber sehr zielstrebig. Weichen Sie dabei etwas aus, falls es die Örtlichkeit zulässt. Falls noch ausreichend Zeit bleibt und sich der Hund darüber nicht aufregt, lassen Sie ihn an Ihre andere Seite wechseln, um noch mehr Abstand zum Entgegenkommenden zu erreichen.

In den meisten Situationen braucht der Hund etwas mehr Unterstützung. Am hilfreichsten ist diese natürlich, solange er noch ansprechbar (d.h. im gelben Stimmungsbereich) ist.

- Wenden Sie sich seitlich vom fremden Hund ab, zeigen Sie ihm die Schulter und schauen Sie ihn nicht an. Richten Sie Ihren Blick auf den Weg, den Sie und Ihr Hund jetzt gehen werden. Verhalten Sie sich, als wären die anderen nicht da oder so unwichtig, wie ein Gänseblümchen. Das wirkt deeskalierend auf den entgegenkommenden Vierbeiner und gibt gleichzeitig Ihrem Hund eine Richtung vor.
- Wenn Sie die Richtung wechseln, geschieht dies so selbstverständlich wie möglich. Als hätten Sie schon immer geplant, gerade hier umzudrehen, die Straße zu überqueren oder ein geparktes Fahrzeug zu umrunden.
- Geben Sie Ihrem Hund etwas zu tun: Sprechen Sie ihn an, fordern Sie ihn zum Mitkommen auf oder geben Sie ihm das Signal für eine Alternativ-Handlung. TOUCH oder Futterschlecken sind eine gute Unterstützung während des Vorbeigehens.
- Vergessen Sie in Ihrer Anspannung bitte nicht, den Hund zu loben, wenn er Ihren Anweisungen Folge leistet.

Wenn der Hund sofort in den dunkelgelben bis roten Bereich gerät, geht es nur darum, die Situation einigermaßen gut zu überstehen und den Hund sicher festzuhalten. Konzentrieren Sie sich auf Ihre Haltung, einen sicheren Tritt oder stabilen Stand und Ihr Tun.
Halten Sie die Leine kurz und mit beiden Händen. Entfernen Sie sich so bestimmt wie möglich. Ob sie dabei umdrehen oder zügig vorbeigehen, hängt von der Situation ab.
Gehen Sie stetig weiter, bis Sie einen Abstand erreicht haben, in dem es dem Vierbeiner wieder möglich ist, sich auf Sie zu besinnen und auch Sie wieder durchatmen können. Erst dann sind weitere Anweisungen sinnvoll.
Falls Stehenbleiben für Sie in diesem Moment eine Option ist, sollten Sie den Hund sicher festhalten können bzw. die Leine um einen Pfosten o.ä. wickeln. Rechnen Sie damit, dass das andere Team leider nicht zügig weitergeht, sondern stehen bleibt, zu Ihnen schaut oder Sie eventuell anspricht.

Ein freilaufender Vierbeiner

Es wäre so viel einfacher, wenn Hundehalter aufeinander Rücksicht nehmen und ihre Hunde nicht unkontrolliert zu anderen lassen würden. Es ist einfach unangenehm und auch risikoreich, wenn ein fremder Hund stürmisch auf Sie

zukommt oder sich in Imponierhaltung nähert. Da hilft Ihnen auch die Mitteilung »Meiner tut nix!« nicht weiter.
Es gibt kein Patentrezept für diese Begegnungen, weil so viele Faktoren mit beteiligt sind. Folgende Strategien können dazu beitragen, die Situation etwas zu entschärfen.

Reagieren Sie so ruhig wie möglich, auch wenn Ihr Puls erstmal in die Höhe geht. Ihr Hund soll ja lernen, dass man auch in solchen Momenten nicht die Fassung verlieren muss. Jeglicher »Alarm« in Ihrer Stimme oder Ihren Gesten aktiviert die Hunde zusätzlich.
Bitten Sie den anderen Hundehalter, seinen Hund abzurufen und bei sich zu behalten. Aber rechnen Sie damit, dass sich der fremde Hund nicht abrufen lässt oder der Halter dies erst gar nicht versucht und Sie zunächst auf sich allein gestellt sind.
Beobachten Sie die Körpersprache und das Ausdrucksverhalten beider Hunde. Viele dieser Hundebegegnungen sind zwar äußerst ärgerlich und wirken recht bedrohlich, verlaufen aber relativ harmlos. Manchmal hält der fremde Hund nach einigen Metern des Herankommens doch einen gewissen Abstand ein, wird langsamer, stoppt oder wendet sich wieder ab. Solange der Artgenosse keinen direkten Kontakt zu Ihrem Hund sucht oder pfeilschnell auf Sie zugeschossen kommt, beobachten Sie die Lage (ohne dem fremden Hund allzu offensichtlich Beachtung zu schenken) und kümmern sich um Ihren Vierbeiner. Wenn dieser mit Ihrer Hilfe einigermaßen ruhig bleibt, ist er oftmals auch für den anderen weniger interessant.

Unterstützen Sie Ihren Hund: Ob Sie mit ihm an Ort und Stelle bleiben oder zügig weggehen, müssen Sie in jeder Situation neu entscheiden. Greifen Sie dabei auf das Alternativ-Verhalten zurück, das situationsbedingt am besten geeignet und gut gelernt ist. Entscheiden Sie je nach Gestimmtheit Ihres Hundes, ob Sie in diesem Moment auch Futter/Spielzeug einsetzen können. Weggehen kann dann erfolgreich sein, wenn sich der fremde Hund nur langsam nähert oder sich noch in größerer Entfernung befindet und Ihr Hund gelernt hat, zügig und ruhig mit Ihnen umzukehren und mitzugehen, obwohl sich ein Artgenosse eventuell dicht hinter ihm befindet. Ist der Artgenosse schon sehr nahe oder spurtet richtiggehend auf Sie zu, wird er durch Ihr Umdrehen vermutlich erst recht zum schnellen Herankommen animiert. Hier ist Stehenbleiben wahrscheinlich die bessere Option. Ebenso dann, wenn sich Ihr Hund sehr unbehaglich fühlt, sobald er einem fremden, ihm nachlaufenden Vierbeiner den Rücken zukehren soll.

Sprechen Sie den fremden Hund freundlich an: Danach ist Ihnen wahrscheinlich nicht zumute, aber es kann die Situation etwas entspannen. Ihre unaufgeregte Haltung überträgt sich auch ein wenig auf den eigenen Hund und beeinflusst sein Verhalten. Der Fremdhund schaut Sie vielleicht kurz an, bewegt sich langsamer und weniger angespannt. Dieser Entspannungseffekt hält vermutlich nicht lange an, verschafft aber ein einen Spielraum, um andere Strategien anzuwenden.

Lenken Sie den fremden Hund ab: Viele Hunde, die stürmisch auf Sie zukommen, sind im Prinzip neugierig, freundlich, aber rücksichtslos und noch nicht ausreichend erzogen. Ein solcher Hund ist nicht in erster Linie auf Stress aus, sondern will Kontakt aufnehmen.

Ungeplante Begegnung wie sie das Leben schreibt: Während der Foto-Aufnahmen nähert sich der freilaufende Rüde. Alle bleiben ruhig und beobachten, wie dieser die Situation bewältigt, in dem er auf Hundestrategien zurückgreift und die Zusammenarbeit mit seinem Menschen sucht.

Der Rüde nähert sich zunächst zügig, wird langsamer und beginnt zu schnüffeln ...

... zwischendurch geht sein Blick immer wieder zu den fremden Hunden,

... dann wendet er sich seinem Menschen zu und kommt schließlich auf Rückruf zu diesem.

Oftmals gelingt es, ihn abzulenken, bis sein Halter wieder die Kontrolle übernehmen kann. Dadurch nehmen Sie auch den eigenen Hund etwas aus dem Fokus.
Ich bin, wie gesagt, sehr zurückhaltend mit dem Ratschlag bei eng verlaufenden Zusammentreffen Futter oder Spielzeug einzusetzen und als Tipp in einem Buch erst recht. Dennoch können Sie im Notfall versuchen, den anderen mit einer Handvoll Futter zu stoppen bzw. zu verlangsamen, ehe er ganz bei Ihnen angekommen ist. Werfen Sie das Futter am besten etwas seitlich weg von sich, alternativ nehmen Sie raschelnde Tüten oder Papiertaschentücher. Wenn sich darin noch Futterbrösel befinden, ist zumindest ein sehr futterbegeisterter Vierbeiner etwas abgelenkt. Eine etwas unappetitlichere Ablenkung, nicht immer zur Hand, aber oft sehr effektiv: Werfen Sie einen vollen Hundekot-Beutel auf die Erde.

Was tun, falls es zu einer Rauferei kommt?

Leider gibt es für diese Momente keine Patentlösung. Ob und in welcher Form Sie dazwischengehen, muss jeder für sich entscheiden. Rechnen Sie damit, dass Sie dabei selbst verletzt werden und sich evtl. im Streitfall eine Teilschuld anrechnen lassen müssen, weil Sie körperlich eingegriffen haben.

Mein Vorgehen ist Folgendes: Sobald ich bemerke, dass sich ein Konflikt anbahnt (Knurren, langsame, steife Bewegungen, Blickfixieren, Zähne blecken, kurze Bisse in die Luft oder Richtung Gegenüber), versuche ich noch die Situation zu entschärfen, indem ich mich mit einer ruhigen Bewegung vor meinen Hund stelle. Damit unterbreche ich den Blickkontakt der Hunde zueinander und schaffe etwas Abstand. Ich rede ruhig mit ihm, versuche ihn auf mich zu konzentrieren und den anderen durch Ablenken auf Distanz zu halten.
Falls ich einen zweiten, sehr souveränen und sozial kompetenten Vierbeiner dabei habe, lasse ich diesem Spielraum zum Agieren. Häufig mischt er sich dann an meiner Stelle ein und splittet, d.h. er positioniert sich zwischen den beiden Kontrahenten und signalisiert so deutlich, dass eine Auseinandersetzung nicht gewünscht ist.

Sollte es zu einer Rauferei kommen, versuche ich Ruhe zu bewahren. Aufgeregte Rufe und hektische Bewegungen puschen das Ganze erst recht. Sofern es das Gelände zulässt, leine ich den Hund ab, damit er sich frei bewegen und ausweichen kann.
Eine Auseinandersetzung unter Hunden schaut mitunter sehr dramatisch aus und ist mit viel Getöse verbunden. Meistens sind es sogenannte Kommentkämpfe, die nach bestimmten Regeln ablaufen und in erster Linie einem Kräftemessen dienen, ohne ernsthafte Verletzungsabsicht. Die Hunde ringen miteinander, stellen sich auf die Hinterbeine und stemmen die Vorderpfoten gegen den Gegner. Sie versuchen, den anderen zu Boden zu drücken oder tauschen mit schnellen Vorstößen Bissen gegen den Kopf oder Nackenbereich aus. In der Regel lösen die Vierbeiner solche Situationen recht gut. Vorausgesetzt: Beide Hunde sind sich von Kraft, Wendigkeit und Körpergröße einigermaßen ebenbürtig und verfügen über ein gutes Sozialverhalten, d.h. sie nehmen die Unterwerfungsgesten und Signale des Artgenossen wahr und reagieren passend darauf.
Ich entferne mich ein Stück, lasse den Hunden Raum und versuche, so gut es geht, auch den anderen Hundehalter zu ruhigem Verhalten anzuhalten.

Meist lassen die Vierbeiner nach kurzer Zeit voneinander ab, »schütteln« den Stress ab, gehen ein paar Schritte abseits oder schnüffeln. In diesem Moment ist der Hund wieder ansprechbar, ich kann ihn zu mir holen und hoffen, dass der andere Hundehalter ebenfalls reagiert.

Die pauschale Aussage »Die Hunde klären das immer gut untereinander« stimmt jedoch nicht. Der Verlauf einer Auseinandersetzung ist von verschiedenen Faktoren abhängig: Neben den sozialen Fähigkeiten, spielt auch das Kräfteverhältnis, die momentane Verfassung oder das Umfeld eine Rolle.

Wenn ich eingreife, weil z.B. das Größenverhältnis sehr ungünstig ist, ich mit dem kranken Vierbeiner unterwegs bin oder einer der Hunde mit großer Intensität versucht, den anderen zu verletzen, nutze ich Vorgehensweisen, die mit einem möglichst geringen Risiko verbunden sind:

- Ein lautes Geräusch, eine geworfene Tasche, Jacke oder ein »plötzlich« neben den Hunden aufgeklappter Regenschirm unterbricht die Vierbeiner oftmals für einen Mini-Moment.
- Manchmal hilft die gut gefüllte Wasserflasche: Öffnung direkt in Richtung Hundeschnauze halten und mit einem festen Druck einen möglichst großen Schwall aus der Flasche pressen.
- Diese Mini-Schreckmomente müssen dann allerdings von beiden Hundehaltern sofort genutzt werden, um die Tiere zu trennen.
- Beide Hundehalter verständigen sich kurz und rennen dann gleichzeitig in die jeweils entgegengesetzte Richtung. Wenn die Hunde noch nicht allzu tief in ihrer Auseinandersetzung stecken, werden Sie darauf aufmerksam, vor allem, wenn das Weglaufen mit einem lauten Geräusch verbunden ist, lassen voneinander ab und kommen ihrem Menschen nach.
- Ich warte mit einer Anweisung, bis mein Hund auch in der Lage ist, der Aufforderung nachzukommen. Ein passender Zeitpunkt ist beispielsweise die Schrecksekunde oder Mini-Pause während der Auseinandersetzung, in welcher sich die Hunde voneinander abwenden. Je besser Sie Ihren Hund lesen und Hundeverhalten interpretieren können, umso besser gelingt es Ihnen. Es wäre äußerst ungeschickt, ihn beispielsweise heranzurufen, wenn er gerade in einer Demutshaltung vor dem Artgenossen verharrt. Er müsste sich bewegen, um dem Aufruf Folge zu leisten, was vermutlich weitere Reaktionen des Kontrahenten auslösen würde.

Ein Ernstkampf mit der Absicht, den anderen erheblich zu verletzen oder gar zu töten, ist zum Glück sehr selten. Er verläuft im Gegensatz zum Kommentkampf meist leiser, schneller und zielgerichteter. Hier ist ein Eingreifen immer mit Verletzungsgefahr verbunden und ein mögliches Vorgehen lässt sich nur schlecht beschreiben. Lassen Sie sich im Bedarfsfall von damit erfahrenen Personen zeigen, was machbar wäre.

»Er will doch nur Hallo sagen«

Leider passiert es immer wieder, dass ein Hundehalter seinen angeleinten Vierbeiner einfach zu Ihnen laufen lässt, weil er nicht auf sein Tier achtet oder der Meinung ist, die beiden müssten sich jetzt mal »Guten Tag« sagen. Ihre abwehrenden Kommentare werden belächelt oder es folgt die Belehrung, dass Hunde doch Sozialkontakte brauchen und das unfreundliche

Achten Sie auf die Signale Ihres Hundes, er sagt Ihnen meist rechtzeitig, dass ihm die Situation unangenehm ist. Der helle Hund will in diesem Moment offensichtlich keinen Kontakt zum Artgenossen und zeigt auch deutlich, welche Strategie er bevorzugt – nämlich auszuweichen.

Helfen Sie ihm, indem Sie von vornherein mehr Abstand halten bzw. zügig weitergehen. Loben Sie ihn für sein Mitkommen.

Verhalten Ihres Vierbeiners kein Wunder ist, wenn er nie Kontakt haben darf.
Lassen Sie sich nicht verunsichern. Sozialkontakte sind schön, aber besser kein Kontakt als ein unliebsamer und Kontakte an der Leine bieten keine guten Voraussetzungen für entspanntes Zusammensein. Es beginnt bereits damit, dass mindestens einer der Vierbeiner an gespannter Leine zum anderen strebt, also in aufgeregter Stimmung. Dazu kommt, dass beide aufgrund der Leinenbeschränkung nicht so kommunizieren können, wie es für sie nötig und unter Hunden üblich ist. Sie möchten sich umkreisen, aneinander schnuppern und dabei verhaken sich prompt die Leinen ineinander. Ausweichen ist kaum mehr möglich.

Für die meisten Hunde mit Begegnungsproblemen ist es das Beste, wenn Sie derartige Situation meiden bzw. so schnell wie möglich beenden. Signalisieren Sie frühzeitig Desinteresse, in dem Sie ausweichen, den Hund auf der abgewandten Seite führen und zielstrebig Ihren Weg weitergehen. Sollte Ihnen der Weg nach vorne versperrt sein, kehren Sie zügig um. Ein angeleinter Fremdhund kann Ihnen wenigstens nicht weiter nachfolgen.
Müssen Sie doch stehen bleiben, stellen Sie sich vor oder seitlich neben Ihren Hund. Lassen Sie ihm immer den Rückzug nach hinten offen und gehen Sie baldmöglichst weiter.

Manchen Teams hilft es, solche Zusammentreffen bewusst zu üben, um besser darauf vorbereitet zu sein, weil sie in ihrem Alltag sehr häufig vorkommen. Üben bedeutet nicht, dass sich die Hund »Guten Tag« sagen, sondern Ihr Hund lernt, derartige Situationen ohne große Aufregung zu meistern und Sie bemerken dabei, welche Distanz bzw. Dynamik des Gegenübers er noch bewältigen kann. Probieren Sie es zunächst mit vertrauten Trainingspartnern aus. Hier können Sie jederzeit abbrechen, wenn die Situation zu belastend wird.

- In der Nähe des anderen stehen bleiben: Gehen Sie aufeinander zu, nicht frontal, sondern ein wenig seitlich versetzt und halten auf Höhe des anderen an – mit genügend Abstand zueinander (anfangs mehrere Meter). Die Leinen sind locker und lassen, wenn auch geringe, Ausweichbewegungen zu. Loben Sie Ihren Hund, wenn er dabei ruhig bleibt. Danach gehen Sie beide zügig weiter, ehe die Hunde durch zu langes Beisammensein in Aufregung geraten.
- Konzentration auf Sie: Diese Übung kennt Ihr Hund bereits, jetzt lernt er, die Konzentration für einen kurzen Moment zu halten, obwohl ein Artgenosse dicht hinter ihm steht oder vorbeigeht. Anfangs reichen ein paar Sekunden, dann lösen Sie die Situation auf, indem Sie mit ihm weggehen und ihn loben.
- Ruhiges Weitergehen und Desinteresse signalisieren, obwohl ein Artgenosse immer näherkommt und dabei auch noch in die Leine springt oder bellt. Unterstützen Sie Ihren Hund dabei durch ein entsprechendes Signal und Ihre Gelassenheit.

Den Kleinhund auf den Arm nehmen?

Ist das eine gute Lösung, um dem Hund Schutz zu bieten oder schafft das nicht noch mehr Probleme?
Auf den Arm nehmen löst ein Begegnungsproblem nicht grundsätzlich. Es bietet dem Hund jedoch einen sicheren Rückzugsort, durch den er etwas mehr Abstand zum Artgenossen erhält.

Es ist dann eine Option, wenn andere Möglichkeiten nicht mehr gegeben sind und der kleine Hund dem Zusammentreffen nicht gewachsen ist.
Ein anderer Hund stürmt beispielsweise so rasch heran, dass Sie nicht mehr ausweichen oder umkehren können. Wenn dann noch das Größenverhältnis der Hunde sehr ungleich ist, besteht die Gefahr, dass Ihr Hund überrannt wird oder in Bedrängnis gerät. Warten Sie in einem solchen Falle nicht ab, bis es zu einer Konfrontation kommt, nehmen Sie Ihren Hund mit einer ruhigen Bewegung rechtzeitig auf den Arm. Wenden Sie sich dabei vom entgegenkommenden Hund weg oder gehen ruhig und zügig aus der Situation.
Eine andere Einsatzmöglichkeit ist ein stark frequentiertes Gebiet, das Sie nicht umgehen können. Um zu vermeiden, dass Ihr Hund ständig Lernrückschritte macht, weil ihn die Begegnungen überfordern, können Sie ihn daran gewöhnen, auf dieser Strecke getragen zu werden, auf dem Arm oder in einer Tasche. Wichtig dabei ist, dass Sie ihn ganz selbstverständlich und ohne Aufregung transportieren und auch hier so weit wie möglich Abstand zu anderen einhalten.
Natürlich muss der Hund nicht jedes Mal hochgenommen werden, wenn Sie auf einen anderen Vierbeiner treffen oder durch belebtes Gebiet gehen. Entscheiden Sie von Fall zu Fall welche Vorgehensweise gerade angebracht ist.

Damit der Hund das Hochnehmen als Hilfe ansehen kann und sich auf Ihrem Arm sicher fühlt, muss es ihm vertraut sein. Hochnehmen geschieht nie plötzlich, sondern immer mit Ankündigung. Gewöhnen Sie Ihren Hund in Ruhe daran, dass Sie ihn auf ein Signal hin anfassen und hochheben. Ziehen Sie ihn dazu nicht einfach am Geschirr nach oben, sondern stabilisieren Sie ihn behutsam mit beiden Händen am Brustkorb und Hinterteil und nehmen Sie ihn dann mit einer ruhigen Geste hoch. Und – lassen Sie nicht zu, dass er auf Ihrem Arm von anderen angefasst wird, wenn er dies nicht schätzt!

Viele Hundehalter befürchten, dass sich durch das Hochnehmen die Angst und Anspannung verstärken oder sich der Hund dem anderen überlegen fühlen könnte. Diese Befürchtung ist durchaus gerechtfertigt, falls Sie dabei ungeschickt oder überstürzt vorgehen. Beispielsweise den aufgeregt bellenden Kleinhund auf den Arm nehmen, ihn liebevoll beruhigen und von dieser Warte aus weiter bellen und sich aufregen lassen, während Sie sich mit dem anderen Hundehalter und dessen Vierbeiner beschäftigen. Oder wenn Sie den Kleinen panisch hochnehmen und fast fluchtartig das Weite suchen.
Wenn Sie das Hochnehmen wie ein Alternativ-Verhalten nutzen, kann es eine gute Strategie sein. Sie reagieren rechtzeitig, es gibt ein Signal dafür, Ihr Hund wendet sich Ihnen zu, wird hochgehoben und Sie tragen ihn im Bogen oder zumindest abgewandt vorbei. Lassen Sie sich dann auch nicht von Kommentaren anderer beeinflussen. Für Sie und Ihren Hund passt es gerade und das ist das Wichtigste.

Ist das nicht gefährlich, weil der andere Vierbeiner dann an Ihnen hochspringen könnte? Ja, die Gefahr des Hochspringens besteht und auch die Möglichkeit, dass Sie dabei verletzt werden. Sie müssen damit rechnen, dass der andere Hund versucht, an den Kleinen auf Ihrem Arm heranzukommen, ob aus Neugier oder in nicht so freundlicher Absicht. Dabei können Sie zu Fall kommen, Kratzer abbekommen oder auch gebissen werden. Deshalb kann Ihnen niemand die Entscheidung abnehmen.

Und danach ...?

Begegnungen hinterlassen Spuren bei Hund und Mensch, selbst dann, wenn sie gut gemeistert wurden. Was hilft Ihnen und Ihrem Hund, um wieder zu entspannen und durchzuatmen?

- In Bewegung bleiben: weitergehen in ruhigem Tempo, mancher Vierbeiner braucht zusätzlich noch ein Ventil, um die Anspannung abzubauen, das kann ein kleines Spiel mit Ihnen sein, der kurze Sprint, etwas suchen oder herumtragen.

Versuchen Sie sehr aufregende Momente direkt wieder zu entschärfen, durch eine kleine Pause, eine ruhige Wegstrecke, vertraute Übungen oder ein kleines Spiel.

- Schnüffeln dürfen, sich versäubern oder trinken tragen ebenfalls zur Erholung und Entspannung bei
- Eine kleine Rast: Pause an der Parkbank in reizarmem Gebiet oder dem Baumstamm am Wegesrand. Auch in der Stadt finden sich kleine Nischen abseits, in denen Hund und Mensch etwas Ruhe finden.
- Ruhiger Körperkontakt: Setzen oder stellen Sie sich dicht nebeneinander, der Hund kann sich an Sie lehnen, Ihre Hand berühren o.ä. Streicheln Sie ihn an Körperstellen, die ihm angenehm sind. Wenn er daran gewöhnt ist und sich dadurch besser entspannt, dürfen Sie ihn auch behutsam festhalten.
- Vertrautes: Machbare Aufgaben, wie Sitz, Pfotegeben, Anschauen, ein kleines Kunststück ausführen usw. können Hund und Mensch wieder stabilisieren und in gewohnte Bahnen lenken.

Freilauf mit vertrauten Artgenossen?

Die Frage, ob der Hund mit dem Trainingspartner oder einem vertrauten Artgenossen auch unangeleint laufen darf, kann nicht pauschal beantwortet werden.
Ein unkontrollierter und willkürlich gewährter Freilauf überfordert viele Hunde. Häufig wird der Vierbeiner abgeleint und zum »Spielen« geschickt, obwohl er wegen des Zusammentreffens noch recht aufgeregt ist. Er hat kaum Zeit, sich mit dem Artgenossen vertraut zu machen und auch die räumlichen Verhältnisse lassen den Hunden nicht immer genügend Spielraum für angemessene Reaktionen. Die Folge sind Aufregung und Anspannung und im ungünstigen Fall erlebt der Hund die Artgenossen als so belastend, dass sich dieses Gefühl auf weitere Treffen auswirkt.
Andererseits können Sozialkontakte auch für einen Hund mit Begegnungsproblemen schön und bereichernd sein. Viele leinenreaktive Vierbeiner sind nicht grundsätzlich unverträglich. Freilauf mit einem Artgenossen ist durchaus möglich, sofern die Zusammenführung behutsam geschieht und die Hunde sich in Gegenwart des anderen wohlfühlen.
Vielleicht gibt es nur wenige Artgenossen, mit denen Ihr Hund Freilauf haben kann. Es kommt nicht auf die Menge der Sozialkontakte an, sondern auf deren Qualität. Ihr Hund hat mehr von wenigen, aber gut verlaufenden Kontakten, bei denen er sich wohlfühlt und positive Erfahrungen sammelt.

So kann der Artgenosse zum Freilaufpartner werden: Gehen Sie es langsam an. Beginnen Sie mit gemeinsamen Leinenspaziergängen. Wenn diese gut verlaufen, Sie zunehmend dichter nebeneinander gehen und sich beide Hunde entspannt bewegen, können Sie als Zwischenschritt abwechselnd einen der Hunde an längerer Leine führen. So erkennen Sie, wie stark sich die Vierbeiner füreinander interessieren und ob Sie den Hund im Bedarfsfall stoppen, zu sich rufen oder lenken können. Gute Voraussetzungen für den Freilauf: beide Hunde sind ansprechbar, zeigen wenig Aufregung, beschäftigen sich nicht allzu sehr miteinander, sondern gehen in einem gewissen Abstand zueinander, schnüffeln oder interessieren sich für die Umwelt.

Sprechen Sie mit dem anderen Hundehalter ab, wann die Hunde in den Freilauf entlassen werden. Leinen Sie die Hunde während des

Wenn Ihr Hund mit dem Artgenossen vertraut ist, sich in dessen Gegenwart wohlfühlt und ihm nicht zu nahetreten möchte, spricht nichts dagegen, die beiden frei laufen zu lassen.

Gehens ab und geben Sie das Signal zum Freilauf sehr ruhig. Der Leinenspaziergang geht fast unmerklich in den Freilauf über. Das gibt den Hunden Zeit und Raum, sich in ihrem Tempo zu bewegen, eher parallel zueinander zu laufen und vermeidet ein zu stürmisches, frontales Aufeinandertreffen.

Bleiben Sie danach in Bewegung und beobachten Sie die Hunde. Zeichen dafür, dass die Hunde mit dem Freilauf nicht überfordert sind und miteinander zurechtkommen:
Beide verhalten sich zunächst vorsichtig und gehen sich etwas aus dem Weg. Auch kurzes Imponieren ist möglich oder das typische gegenseitige Umkreisen mit Beschnüffeln der Schnauzen- und Analregion. Vielleicht nähert sich einer der Vierbeiner dem anderen doch sehr stürmisch, um dann wieder Abstand zu halten oder seine Anspannung mit einem Rennen abzureagieren.

Vermutlich rennen die beiden während des Freilaufs auch miteinander. Dass es bei den ersten Zusammentreffen bereits zu einem entspannten Spielen kommt, ist eher unwahrscheinlich. Das findet meist erst dann statt, wenn die Hunde gut vertraut miteinander sind. Eine zunehmende Entspannung erkennen Sie daran, dass ein anfänglich wild aussehendes Renn-Spiel oder Miteinander-Agieren ruhiger wird und in ein lockeres Nebeneinander-Herlaufen übergeht. Beide Hunde schnüffeln, interessieren sich für die Umwelt oder wenden sich ab und an dem Menschen zu.

Freilauf rechtzeitig beenden. Besprechen Sie am besten vorher mit dem anderen Halter, wann bzw. wie Sie eingreifen. Halten Sie die ersten Freilauf-Kontakte kurz, auch wenn die beiden gut miteinander umgehen. Holen Sie die Hunde wieder zu sich, solange sie noch entspannt sind. Ihr Hund soll das Zusammensein nicht mit Aufregung, Überforderung oder Stress verknüpfen.
Greifen Sie spätestens dann ein und beenden Sie den Kontakt, wenn das Miteinander immer aufgeregter wird oder das Spiel, welches vermutlich schon längst kein entspanntes Spiel mehr ist, kein Ende findet. Ihr Hund zeigt Ihnen auch, wann er sich nicht mehr wohlfühlt: zunehmende Beschwichtigungs-Gesten, er bewegt sich immer unruhiger und hektischer, sucht bei Ihnen Schutz oder versucht, Abstand zum Artgenossen zu bekommen, indem er wegläuft oder ihn mit Schnappen auf Distanz hält.
Rufen Sie dann den Hund ruhig zu sich, leinen Sie ihn an und gehen Sie mit ihm einige Schritte an lockerer Leine, damit er sich wieder beruhigen kann.

Im Gleichgewicht

Ihr Hund hat so viele gute Eigenschaften, besitzt Fähigkeiten, über die Sie nur staunen können und es gibt unzählige Situationen, in denen er sich vorbildlich verhält. Reduzieren Sie ihn nicht auf das Begegnungsproblem, auch wenn Ihnen beiden das derzeit arg zu schaffen macht. Es wird ihm nicht gerecht!

Schöne Momente bewusst erleben: Mit einem etwas schwierigen Hund kommt die Freude am Unterwegssein oft viel zu kurz, weil das Begegnungsproblem so viel Zeit, Gedanken und Energie in Anspruch nimmt. Es wäre jedoch schade, wenn der Spaziergang nur Anspannung und Besorgnis bedeuten würde. Hund und Mensch brauchen auch Zeiten, in denen sie entspannt unterwegs sind und sich miteinander wohlfühlen. Versuchen Sie so oft wie möglich die schönen Dinge wahrzunehmen, die es auf jedem Spaziergang gibt. Vielleicht müssen Sie dazu ab und an die Wegstrecke passend auswählen oder einfach nur wieder lernen, genauer hinzuschauen. Es sind keinesfalls nur die großen Ereignisse, die erfreuen, sondern auch die vielen kleinen Momente, die Hund und Mensch guttun. Sie genießen es, gemeinsam am Bach entlangzugehen, freuen sich über die Begeisterung, mit der Ihr Hund über die Wiese rennt oder bewundern mit welcher Ruhe er den unbekannten Fahrstuhl betritt. Und oft ist es auch nur ein Augenblick, in dem Sie sich nahe sind, der Hund Sie anschaut und Sie die Verbundenheit spüren.

Neues kennenlernen: Erkunden Sie, im Rahmen der Möglichkeiten, immer mal wieder ein neues Gelände mit Ihrem Vierbeiner. Aufgrund seines Verhaltens ist die Gefahr groß, dass man zunehmend weniger mit ihm unternimmt und sein Horizont dadurch kleiner und kleiner wird. Das brauchen keine großen Aktionen mit unkalkulierbarem Begegnungsrisiko zu sein. Auch die Wegstrecke an der Schafweide vorbei, die Baustelle nebenan oder der Gang durchs unbekannte Industriegebiet bietet neue Eindrücke. Finden Sie heraus, was Ihren Hund interessiert und zufrieden macht. Beim einen ist dies ein Abstecher durch unwegsames Gelände, ein anderer freut sich darüber, wenn Sie ihm unterschiedlichen Menschenkontakt ermöglichen oder ihn kurz mal mitnehmen, um Besorgungen zu erledigen.

Balance zwischen Freiraum und Zusammenarbeit: Es ist verständlich, dass Sie Ihrem Hund, der häufig Einschränkungen unterworfen ist und angeleint geführt wird, so viel Freiheit wie möglich lassen möchten. Vielleicht darf er deshalb überwiegend an längerer Leine neben Ihnen laufen und seinen Bedürfnissen nachgehen. Falls Sie ländlich wohnen oder überwiegend auf wenig frequentierten Strecken unterwegs sind, haben Sie dafür vermutlich auch die optimalen Bedingungen.
Freiraum ist wichtig. Wenn Sie sich allerdings während des Spaziergangs nur wenig mit dem

Hund beschäftigen und er mehr oder weniger nebenherläuft, ist er es nicht gewöhnt, auf Sie zu achten und mit Ihnen zusammenzuarbeiten. Diese Kooperation und Ansprechbarkeit benötigen Sie jedoch in Begegnungs-Situationen, um ihm Hilfestellung geben zu können.
Wenn Sie in der Stadt leben, werden Sie situationsbedingt vermutlich viel häufiger auf den Hund einwirken oder seine Aufmerksamkeit und Zusammenarbeit benötigen. Hier sind es manchmal fast zu viele Anforderungen, die Hund und Mensch unter Umständen auch überfordern. Zudem ist die Bewegungsfreiheit durch Verkehr, Publikum oder schmale Gehsteige grundsätzlich etwas eingeschränkt.
Versuchen Sie für sich und Ihren Hund eine gute Mischung zu finden und bei Bedarf ganz bewusst einen Ausgleich zu schaffen. Beschäftigen Sie sich während des Spaziergangs miteinander, nicht ununterbrochen und auch nicht jeden Tag auf die gleiche Weise. Oft ergibt sich die Zusammenarbeit aus den Herausforderungen, die jetzt gerade gemeistert werden müssen, manchmal sind es auch nur kleine Momente, in denen Sie aufeinander achten.
Die eine oder andere Stelle unterwegs eignet sich sicher für eine Beschäftigungs-Aufgabe oder eine kleine Übungssequenzen. Trainieren Sie dabei nicht ausschließlich problemorientiert. Das Wichtigste ist, dass Sie und Ihr Hund zusammenarbeiten und dabei Freude empfinden. Und manchmal brauchen Sie beide einfach einen Spaziergang, um abzuschalten und die Anstrengungen des vergangenen Tages zu verarbeiten.

Es wäre schön, wenn sich auf ausgewählten Strecken eine Freilauf-Möglichkeit ergibt. Jeder Vierbeiner genießt es, ohne Leine zu sein. Ein aufgeregter, reaktiver Hund ist meist auch körperlich angespannt. Freie Bewegung und einfach mal Hund sein dürfen, helfen ihm, diese Anspannung abzubauen. Ideal ist ein abgegrenzter Bereich bzw. ein einsehbares Gelände, damit Sie Herannahende rechtzeitig bemerken. Ein guter Grundgehorsam und vor allem ein sicherer Rückruf tragen dazu bei, dass der Hund mehr Freilauf erhalten kann. Falls die Sicherheit anderer dadurch gefährdet ist, müssen Sie ein eingezäuntes Areal wählen. Je nach Größe und Bewegungsradius des Hundes bietet auch eine Schleppleine mehr Freiraum. Probieren Sie aus, ob Ihr Hund durch eine lange Leine beeinträchtigt ist. Manche stört das in keiner Weise, andere fühlen sich sehr unbehaglich, wenn diese ständig hinter ihnen herschleppt, an ihnen streift oder über ihrem Rücken liegt.

Ausgewogenheit auch bei den Spaziergangs-Strecken: Der Stadthund freut sich über Wege, auf denen er die Seele baumeln lassen kann. Und der ländlich lebende Vierbeiner braucht die schrittweise Gewöhnung an den Stadt-Trubel, wenn er auch unter diesen Bedingungen auf Sie achten und gut an anderen vorbeigehen soll.

Ein Spaziergang besteht nicht nur aus Begegnungen.

Neues kennenlernen: Entscheiden Sie nach Tagesform und zu erwartendem »Begegnungs-Aufkommen«, was für Sie und Ihren Hund gerade richtig ist.

Bewegung tut gut, baut Stress ab und hält den Körper aktiv. Je nach individuellen Bedürfnissen, Alter und Gesundheit können dies die Rennrunde über die Wiese sein, Schwimmen, durch den Bach waten oder einfach nur gemächlich mitlaufen.

Stärken fördern: So manches Problem rückt ein wenig in den Hintergrund, wenn der Fokus auf den Fähigkeiten des Hundes liegt. Dieser fühlt sich gut, weil er sein Können zeigen kann, für das er gelobt und bewundert wird. Ihnen wird bewusst, dass Ihr Hund viele Facetten hat.
Jeder Hund hat Talente, aus dem großen Angebot an Beschäftigungen lässt sich für jeden etwas finden, das ihm Spaß macht und seinen Neigungen entgegenkommt.
Günstig für reaktive Hunde sind Aktivitäten, die nicht allzu dynamisch verlaufen. Etwas Spannung, Aufregung und schnelle Bewegungen sind durchaus in Ordnung, die Erregung sollte jedoch nicht überhandnehmen. Bei aller Begeisterung muss der Hund noch ansprechbar bleiben und nach Beenden der Aufgabe auch rasch wieder zur Ruhe kommen.

Viele Aktivitäten können Sie gut in den Spaziergang einbauen, weil sie mit dem angeleinten Hund machbar sind oder sich dafür ein geeignetes Areal etwas abseits finden lässt. Achten Sie dann darauf, dass der Vierbeiner nach der Beschäftigung noch ausreichend Zeit hat, um sich zu erholen oder eine eventuell entstandene

Es braucht nicht immer die große Runde. Manchmal reicht eine kürzere Wegstrecke zu einem ruhigen Platz am See, im Wald oder einem Park, an dem Sie dann mit Ihrem Hund verweilen und sich mit ihm beschäftigen.

Umweltreize wahrnehmen, im selbstgewählten Tempo gehen, sich miteinander wohlfühlen und das Unterwegssein genießen.

Erregung abzubauen, ehe Sie wieder in belebteres Umfeld kommen oder mit Begegnungen rechnen müssen.
Falls der Spaziergang keine geeigneten Bedingungen für die gewählte Beschäftigung hergibt, reservieren Sie dazu Extra-Zeit. Es ist so wichtig, dass der Hund einen Ausgleich zu seinen Defiziten erfährt und Sie beide einander in einem anderen Blickwinkel wahrnehmen. Vielleicht hätten Sie nie gedacht, wie konzentriert und souverän er auf der Fährte arbeitet, wie geschickt er sich im Agility-Parcours bewegt oder wie schnell er eine Aufgabe begreift.

Die Stärken des Hundes wahrzunehmen, bedeutet auch die vielen kleinen Dinge, die Ihr Hund tagtäglich gut macht, nicht als selbstverständlich hinzunehmen. Er bleibt problemlos allein, fährt im Auto mit, ist völlig unkompliziert mit den Kindern oder beim Tierarzt. Und – er ist einfach nur da und zeigt Ihnen seine Zuneigung.

Wenn der Hund merkt, dass es schön ist, mit Ihnen zu arbeiten, Sie ihn loben und für seine Fähigkeiten bewundern, fällt es ihm grundsätzlich leichter, mit Ihnen zu kooperieren, auch in schwierigeren Momenten.

Kleine Tricks oder Suchaufgaben lassen sich mit etwas Überlegung gut auf der Spaziergehrunde einbauen.

AUTORENPORTRAIT
Monika Schaal

ist Hundetrainerin und arbeitet seit vielen Jahren mit Problemhunden verschiedenster Rassen. Sie betreut Therapiehunde, engagiert sich für die Rettungshundearbeit und ist Ausbilderin im Deutschen Retriever Club. Sie hält Vorträge und Seminare und hat mehrere Bücher zum Thema Hund und Hundeausbildung veröffentlicht. Zusammen mit Familie und Hund lebt sie in der Nähe von Stuttgart.

Ihr Hauptanliegen ist es, Hundeausbildung entspannt, alltagstauglich und vor allem individuell zu gestalten und den Hundehaltern Freude an der Arbeit und dem Zusammenleben mit dem Hund zu vermitteln.

Danke

Ein Buch entsteht durch Teamarbeit, auch wenn am Ende nur ein Name auf dem Cover steht. Herzlichen Dank an alle, die zum Gelingen dieses Buches beigetragen haben.

Die Fragen und Sorgen der Hundehalter in meinen Kursen gaben den Anstoß zu diesem Buch. Ich habe sie, ihre Vierbeiner und die so oft geschilderten Alltagssituationen beim Schreiben immer vor Augen gehabt. Vielen Dank für Euer Vertrauen in mich.
Danke an Britta, Sandra und Michael für die schönen Fotos. Die Zusammenarbeit mit Euch macht einfach Spaß und durch Eure Fähigkeit, im passenden Moment auf den Auslöser zu drücken, entstehen immer wieder Bilder, an die ich zuvor nie gedacht hätte.
Ganz herzlichen Dank an die Hundehalter und ihre Vierbeiner, die sich mit großem Engagement für die zahlreichen Fotos zur Verfügung gestellt und so dazu beigetragen haben, dass die Texte anschaulicher wurden. Danke auch den beiden Teams, die spontan zum Fotoshooting dazugestoßen sind und sofort zu weiteren Fotos bereit waren.

Lieben Dank, Claudia König, fürs Korrekturlesen, für den Gedankenaustausch und Ihre Geduld mit all meinen Änderungen. Und danke an Heinz, ohne seine Unterstützung wäre vieles nicht möglich.

Die Hundeschule

Unsere **Bücher** für Hundefans

Monika Schaal

Der Weg zum aufmerksamen Hund – Tipps für Alltag und Training

ISBN 978-3-275-02201-4

Monika Schaal/Ursula Breuer

Gastfreundlich?
So gewöhnen Sie Ihren Hund an Besuch

ISBN 978-3-275-01862-8

Monika Schaal/Petra Rammelsberger

Bodenarbeit mit Hunden
Übungen für Koordination, Konzentration und Vertrauen

ISBN 978-3-275-02158-1

Monika Schaal/Ursula Breuer

Komm zu mir!

ISBN 978-3-275-01623-5

Monika Schaal/
Ursula Daugschieß-Thumm

Lockere Leine

ISBN 978-3-275-02161-1

Jedes Buch mit 96 Seiten
ca. 80 Abb., broschiert
je € 11,95 | € (A) 12,40

Änderungen in Preis und Lieferfähigkeit vorbehalten.

Überall, wo es Bücher gibt oder
www.mueller-rueschlikon.de
Service-Hotline: 0711-78 992 151

Müller Rüschlikon